JN201883

コアラがかわいい

監修
早川卓志

生態から癒やされる写真まで
魅力のすべて

KADOKAWA

はじめに

1984年10月25日に初めて日本にコアラがやってきて、40年経ちました。
ぬいぐるみのようにふわもこでかわいい姿や
木につかまってすやすや眠る様子によって
たちまち動物園の人気者になりました。
そんなふうに長年、みんなに親しまれたコアラですが、
実はまだまだ解明されていない謎が多い動物なのです。
例えば、コアラの食事といえばユーカリですが、
毒性があるため他の動物が食べると死んでしまいます。
でもコアラは食べても毒が体内で解毒されるように進化しました。
なぜ解毒できるのか、
コアラの腸内細菌に秘密があるとわかってきていますが、
この腸内細菌は親から子へ受け継がれるのか、どんな働きがあるのか、
まだまだわかっていないことが多く、研究中です。
このように、食べ物一つとっても、
とても珍しい生態を持つ生き物なのです。
今回は、哺乳類を専門に研究されていて、
オーストラリアの野生のコアラの生態にも精通している
北海道大学大学院地球環境科学研究院の早川卓志先生監修のもと
コアラを飼育している日本国内の7つの動物園にご協力いただき
かわいいだけじゃない、コアラの生態、食性、子育てなど
さまざまな点にスポットを当てて紹介します。
もちろん、取材時に撮影した愛らしいコアラの姿も
たくさんレポートしています！
コアラは絶滅が危惧される危急種(VU)に指定されており、
現在厳しい状況に置かれています。
この本を通じて、少しでもそんなコアラの現状に
思いを馳せていただければ幸いです。

いろんなコアラを
のぞいてみよう

だらりと脱力
おやすみモード

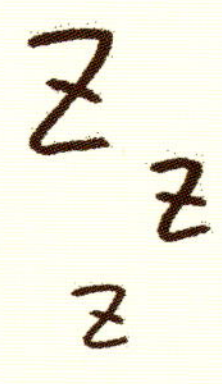

ユーカリに包まれて安心

ママと一緒に
おやすみなさい

すやすや
いい夢
見られそう

\この寝相は珍しい/

写真提供／神戸市立王子動物園

木を枕におやすみなさい〜

絶妙なバランスで寝ています……

ユーカリ大好き♡ もぐもぐタイム

写真提供／淡路ファームパーク　イングランドの丘

好きなユーカリは
においでわかる！

マイペースに
もぐもぐ……

たまには動きます
活動中

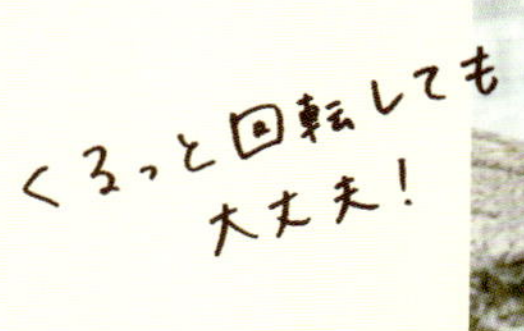

隣の止まり木に
ジャンプ！

ササッ

降りるときは
足から……

写真提供／淡路ファームパーク　イングランドの丘

次はどの木に行くか
探り中のコアラ

たまに地面に
降りることも

写真提供／淡路ファームパーク　イングランドの丘

木につかまって
どんどん移動

ゆったりのんびり リラ～ックス

木にもたれて
リラックス

長い足を
ブラブラ〜

なんだかうまく→
ハマった
みたいです

淡路ファームパーク
イングランドの丘
ナギ♀

飼育員さんが
キャッチした
キュートなウィンク

写真提供／淡路ファームパーク　イングランドの丘

やっぱりかわいい！
コアラの赤ちゃん

お母さんの背中に乗って元気いっぱい

写真提供／名古屋市東山動植物園

写真提供／名古屋市東山動植物園

写真提供／横浜市立金沢動物園

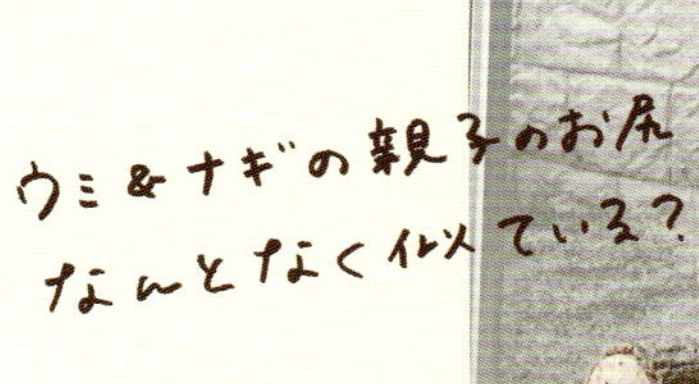

写真提供／淡路ファームパーク　イングランドの丘

CONTENTS

オスとメスの違い、顔の特徴　習性、食べ物etc.

PART 1 コアラってどんな動物?

コアラの活動時間、飼育員さんの1日 ユーカリの調達方法

PART 2 コアラの日常ってどんなかんじなの?

すくすく育ってね♡

PART 3 コアラの赤ちゃんの成長記録

日本でコアラを見られる7つの園

PART 4 コアラに会いにいこう!

STAFF

ブックデザイン　鈴木沙季(細山田デザイン事務所)
撮影　かくたみほ(東京都立多摩動物公園)
川島英嗣(名古屋市東山動植物園)
松井ヒロシ(淡路ファームパーク イングランドの丘、神戸市立王子動物園)
イラスト　てらおかなつみ
撮影・取材協力　東京都立多摩動物公園、埼玉県こども動物自然公園
横浜市立金沢動物園、名古屋市東山動植物園
神戸市立王子動物園、淡路ファームパーク イングランドの丘
鹿児島市平川動物公園
校正　鷗来堂
編集協力　百田なつき
協力　能城成美

※掲載内容は2025年1月8日現在のものです。

PART 1

オスとメスの違い、顔の特徴

習性、食べ物etc.

コアラって
どんな動物？

ふわもこでかわいいコアラは動物園の人気者ですが
寝ていることが多い、ユーカリを食べるくらいしか
イメージが湧かないのではないでしょうか？
実はコアラにも多様性があり、
大きさや毛の色も違います。
また、大きな鼻の役割や、
毒性のあるユーカリを食べることができる体のしくみなど
なんとも不思議で魅力的な動物なのです。
そんなコアラの生態や習性、体のしくみなどを紹介します。
かわいいだけじゃない！ コアラのさまざまな魅力を発見しましょう！

コアラの基本情報

オーストラリアの東部〜南部にしか生息しない有袋類

世界でオーストラリアの東部〜南部にしか生息しないコアラ。カンガルーと同じ有袋類でメスはお腹に袋（育児嚢）を持っています。ユーカリの森林の中で過ごし、ほとんど木の上で生活します。毒性が強く、栄養価が少ないユーカリを食べるのが特徴。ユーカリの強い毒性を分解、消化できるように進化してきた生き物なのです。気候変動による森林火災などの環境変動やクラミジアなどの病気によって、頭数が大幅に減少し国際自然保護連合（IUCN）のレッドリストにおいて絶滅が危惧される危急種（VU）に指定されています。

コアラDATA

分類：有袋上目双前歯目コアラ科コアラ属
学名：*Phascolarctos cinereus*
英名：Koala
生息分布：オーストラリア東部〜南部、クイーンズランド州、ニューサウスウェールズ州、ビクトリア州、南オーストラリア州のユーカリの森林に生息
食性：ユーカリの葉
寿命：10〜15年
日本に来た日：1984年10月25日

※2016年に国際自然保護連合（IUCN）のレッドリストにおいて絶滅が危惧される危急種（VU）に指定

オスとメスの見分け方

オスの特徴：

胸の中央に臭腺（しゅうせん）がある

大人のオスのコアラには胸の中央に臭腺という茶色の腺があります。臭腺からにおいのついた液体を出して、ユーカリの木にこすりつけて、自分の縄張りを主張します。縄張り意識が強く、他のコアラが入ってくると声を出して威嚇したり、時には争ったりすることも。発情期も声を出して、メスにアピールします。メスよりも体が大きいのが特徴です。

臭腺

胸の中央にある臭腺から出る液体はベタベタしていて、においはユーカリを強くした感じ

メスの特徴：

お腹に袋（育児嚢）がある

メスのコアラにはカンガルーのようにお腹に袋（育児嚢）がついています。この中で赤ちゃんを約６ヵ月間育てます。袋は下向きに開いていて、赤ちゃんがお母さんのパップ（盲腸便）を食べられるようになっています。袋が下向きでもお母さんが括約筋（かつやくきん）を締めるため赤ちゃんが落ちてしまうことはあまりありません。

育児嚢

袋は下向きに開いている

コアラの基本情報

コアラは北方系と南方系に分けられる

コアラはオーストラリアの生息地によって北方系と南方系に分けられています。

北方系はクイーンズランド州、ニューサウスウェールズ州などオーストラリアの東部に、南方系はビクトリア州などの東南部に生息しています。南方系は北方系に比べて、体長・体重も大きく、毛も長いのが特徴です。これは南のほうが気候が寒く厳しいため、体が大きくなったのではと考えられています。ユーカリの好みも異なり、北方系コアラが好むユーカリの種類を南方系コアラは食べないなどの違いがあります。

写真提供／淡路ファームパーク　イングランドの丘

北方系コアラと南方系コアラの違い

毛は灰色でコロンと丸い

北方系コアラ

オス♂		メス♀	
体長	67.4〜73.6cm	体長	64.8〜72.3cm
体重	4.2〜9.1kg	体重	4.1〜7.3kg

特徴：毛は灰色。毛が短い。
南方系コアラと比べると小さい。

毛は茶色。体毛が長い

南方系コアラ

オス♂		メス♀	
体長	75.0〜82.0cm	体長	68.0〜73.0cm
体重	9.5〜14.9kg	体重	7〜11kg

特徴：毛は茶色がかっている。体毛が長い。
北方系コアラと比べると大きい。

コアラ豆知識

世界最高齢の飼育コアラは南方系コアラ

史上最高齢の飼育されたコアラとしてギネス世界記録に認定されたのはなんと日本の淡路ファームパーク イングランドの丘にいたメスの「みどり」というコアラだったのです！ 残念ながら2022年11月に永眠しました。25歳9ヵ月生き、コアラとしてはとても長寿でした。

写真提供／淡路ファームパーク イングランドの丘

顔・体の特徴

大きな鼻が特徴。
嗅覚であらゆることをキャッチ

丸い顔が愛らしいコアラですが、その丸さを引き立てているのが、大きくて丸い鼻です。コアラはその大きな鼻の嗅覚を使って、自分の好きなユーカリのにおいや毒性を嗅ぎ分けています。さらに自分のテリトリーに侵入してくる他のコアラのにおいや発情期はメスのにおいを察知します。ただ大きくてかわいい鼻というだけでなく、コアラにとって嗅覚はあらゆることを感じ、生きていくための術なのです。

顔・体の特徴

耳は大きくてフサフサ。出産時に耳をパタパタ動かす

ぬいぐるみのようにかわいいと言われるコアラ。その理由として、大きくてフサフサの耳が挙げられるでしょう。嗅覚ほどではありませんが、音にも敏感です。小さい音や遠くの音も察知できて、動物園では人間の声に慣れさせるため、ラジオや小川のせせらぎの音を流すなどしています。また、自分の体の異変や気分が耳の動きで見られることがあります。出産が近くなると、パタパタと耳を激しく動かしたり、落ち着かない、気が立っているときに耳を動かしたりすることが多いようです。

写真提供／鹿児島市平川動物公園

顔・体の特徴

かわいさいっぱいの体は実は筋肉質

　ふわもこでかわいいのがコアラのイメージですが、実はこう見えて体は脂肪が少なく筋肉質。体重は10kg前後(詳細はP29)。１日のほとんどを木の上で過ごしたり、登ったりするため、手足にしっかり筋肉がついていて、手と足はほぼ同じ長さです。木登りが得意で、他の動物と比べてバランス感覚も優れています。尾は退化して、お尻は木に座りやすいように丸いのが特徴。またコアラの毛は体の外側は北方系だと灰色で、内側は白になっています。これはユーカリの木の上だと保護色となり、空からの天敵のワシなどから身を守るためだという説があります。

意外とマッチョ

木登りが得意で、他の動物と比べてバランス感覚も優れている

毛は保護色

野生だとユーカリの木の保護色となり、敵から身を守っている

歯は黒い

上あごに18本、下あごに12本、合計30本あり、臼歯は固く四角くユーカリが食べやすい。歯が黒いのはユーカリに含まれるタンニンによって色素沈着しているから

丸いお尻

尾は退化。お尻は木に座りやすいように丸く、毛が多い

写真提供／淡路ファームパーク　イングランドの丘

顔・体の特徴

特徴的な手と大きな爪でユーカリをしっかり握れる

コアラが木登りが上手なのは手と爪に秘密があります。前の手の５本の指のうち、２本は手のひらに向かい合っているため、木の枝や幹をしっかりつかむことができるのです。

また、手のひらや足の裏がザラザラしている（掌紋）のも、ユーカリの木を握るのに適しています。さらに鋭く大きな爪も、木登りをするときにしっかり体を支えるためです。動物園では、野生に比べて爪がすり減らないため、伸びすぎると体に負担がかかりすぎたり、年を取ると木に登れなくなったりするので月１回、爪を切って、コアラが過ごしやすいようにケアしています。

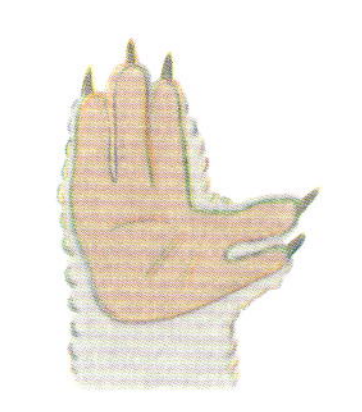

手

親指と人差し指が手のひらに向かい合っている

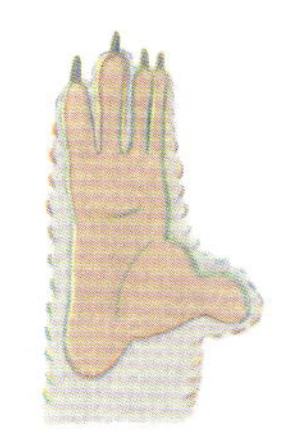

足

親指に爪がない。人差し指と中指がくっついていて、グルーミングする

コアラの習性

1日のほとんどをユーカリの木の上で過ごす

野生のコアラは主食であるユーカリの木の上で1日のほとんどを過ごします。木から降りるのは、好きなユーカリの木に移動するときくらいで、地上に降りることはあまりありません。地上はディンゴ（オーストラリアにすむ野犬）などに狙われることもあるため、天敵が少ないユーカリの木の上はコアラにとって安全な場所なのです。動物園のコアラもほとんど木の上でユーカリを食べたり、リラックスしたりしています。また、猛暑だと温度が低いアカシアの木を選んで、つかまって温度調整しながら涼んでいるという研究結果も報告されています。

ユーカリに囲まれてリラックス

木の股の部分に座っていることが多い

コアラの習性

1日のうち約20時間は寝たりリラックスしたりしている

コアラの睡眠時間は１日に約20時間と言われていますが、実は連続してずっと寝ているわけではありません。だいたいそれくらいの時間は寝たり起きたりを繰り返し、木の上でじっとしてリラックスしていることが多いです。

コアラがあまり動かないのは、ユーカリに含まれる毒を解毒し消化するため時間がかかるのと、ユーカリは栄養価が少ないので、動いて余計なエネルギーを使わないためと言われています。コアラを観察していると、ユーカリにもたれかかったり、木の股の間に上手にはまっていたりなどさまざまな姿で寝ていますが、これは自分で快適な寝相を選んでいるそうです。

ダラーンと脱力

木に抱きついて寝る

コアラの習性

半夜行性、早朝や夕方に活動することもある

コアラは昼間寝ているので、夜行性と勘違いされることが多いですが、実は完全な夜行性ではありません。夜にユーカリを食べたり、木登りしたりすることが多いですが、飼育員さんに聞くと、ウサギに見られるような、明け方や夕方に活動する薄明薄暮(はくめいはくぼ)性の特徴も見られます。動物園が閉園する前の夕方の時間に案外活動している姿を見ることができるかもしれません。

個体や動物園によって、ユーカリを替える時間帯も起きている可能性があります。といってもあまり俊敏でないので走り回ることはなく、動作もゆっくりめです。

活動時間は１日の間で数時間程度

遊んでいるような
しぐさもかわいい

コアラの習性

ときどき、地上を歩くこともある

　1日のほとんどを木の上で過ごすコアラですが、まれに地上を歩きます。野生だと、好みのユーカリの木に移動するときに降りてきます。四つ足で動き、タタッと素早く他の木に移動します。見た目はあまり速いイメージがありませんが、時速25～30kmで走るのは可能です。地上には野犬などの天敵がいるので、素早く移動します。

　動物園だとユーカリの交換時にソワソワして、木から降りてくる場合もあります。個体によっては飼育員さんが展示室内に入ると気づいて、地上に降りてくるときも。また、動物園ではおしっこをするときは木から降りてきます。習性として、天敵が怖いため、長い時間地上にいることはないので、地上を歩いている姿は必見です。

おしっこのために地面に降りるコアラ

コアラの習性

縄張り意識は強い。お気に入りのユーカリの木は譲らない

コアラは生まれて1年くらいは母親と過ごしますが、その後は野生のコアラは単体で過ごします。

特にオスは縄張り意識が強く、胸元の臭腺から出る体液を自分が過ごしているユーカリの枝にこすりつけるなどします。他のオスがやってくると声で威嚇して、追い出します。オス同士のケンカはけっこう激しくなりますが、もともとあまり体力がない動物なので、無用な争いはしないようにお互いの縄張りには入りません。

動物園はスペースの関係上、仕切りでオスごとに分けて、メスは一緒に何頭か同じスペースで飼育する場合があります。

生まれてから約1年はお母さんと一緒に過ごす

オスは動物園でも単独で飼育されている

外見からは想像できない、低く太い声で鳴く

コアラは、縄張りを主張するときや発情期に鳴くケースが多いです。特にオス同士でのケンカをさけるため、大きな声を出してお互いの距離や強さを表しています。一頭が鳴くと他のオスが鳴き返すこともあります。鳴き声は、かわいい外見とは違い、けっこう低いうなり声をあげます。また鳴くときは上を向きます。オーストラリアの人はブタのような鳴き声と表現することも。メスはオスほど鳴きませんが、発情期のときに、メスがオスを拒絶して、悲鳴のような声をあげることがあります。

オスが鳴いている姿

口を縦に開き、上唇をすぼめて鳴く

メスが鳴いている姿

発情期に低い声で鳴く

写真提供／淡路ファームパーク　イングランドの丘

コアラとユーカリ

コアラはユーカリの葉しか食べない偏食性の動物

コアラはさまざまな植物食動物の中でも特異な食性を持つ動物で、ユーカリの葉しか食べません。野生だとまれにアカシアの葉を食べることがありますが、基本的にはユーカリの葉を好みます。

ユーカリは常緑樹で観葉植物や香料として人気ですが、食べ物としては繊維質が多くて、栄養価が低く、ほとんどの植物食動物にとって有毒のため、食べることができません。コアラは他の動物が食べられないからこそ、ユーカリを食べて独自に進化していった動物なのです。

また、コアラは新鮮な葉が好きなので、動物園では、お腹が空いていても、ユーカリが新しく交換されるまで食べないこともあります。

ユーカリの交換の時間はコアラも楽しみ

コアラとユーカリ

コアラは水を飲まない

水場を探して移動するほど野生動物にとって水は大切ですが、コアラはなんと水を飲みません。水溜りの水を飲むこともないです。もともと生息しているユーカリの森は乾燥して水場はなく、その代わりユーカリの葉から水分を補給しています。

ユーカリの葉の半分以上が水分と言われていて、ユーカリを食べることで必要な水分を得ているのです。そのため、ユーカリがなくなってしまうことは、コアラにとって死を意味することになり、ユーカリの確保はどの動物園でも重要課題なのです。

※ユーカリの詳細情報はP64〜69で紹介。

プンクタータ
(*E. punctata*)

糖分が多く、多くのコアラが好んで食べるユーカリの種類

ユーカリの木は3年で3m くらいに成長する

テレチコルニス
(*E. teretiornis*)

葉が丸く、こちらも多くのコアラが好む品種

コアラとユーカリ

好みのユーカリや
毒性の強いユーカリを嗅ぎ分ける

コアラは１頭１頭好みのユーカリが異なります。ユーカリは1000種近くありますが、その中でコアラが食べるユーカリは100種類ほどです。コアラは大きな鼻を使って嗅覚で自分の好みのユーカリを選んで食べています。

またユーカリの毒性の強さもにおいを嗅いで判別して毒性が強いものを食べないようにしています。野生のコアラはにおい以外にも食べてみて、毒性が強いものや好みでないものだったらすぐに吐き出すことがあり、そうやって好みと毒性を見極めているのです。

大きな鼻で、新鮮で好みのユーカリを嗅ぎ分ける

食べてみて舌で毒性を見極めることも

コアラとユーカリ

ユーカリの毒や繊維を分解し、消化できる腸内細菌が発達している

　他の植物食動物にとっては毒性が強く、食べることができないユーカリですが、コアラは毒を体内で解毒し分解することができます。コアラの肝臓は解毒酵素を作り出すことができて、食べたユーカリの毒を解毒します。これが他の動物にはない特徴です。

　また、コアラの盲腸は約２ｍと長く、中でユーカリの毒や繊維を分解する腸内細菌を持っています。これにより、毒性があってもユーカリを食べることができるのです。コアラが長時間寝たり、じっとしていたりするのは、ユーカリに栄養価が少なく、消化に時間がかかるためだと言われています。寝ていても太らない体質なのはそのためなのです。

盲腸が約２ｍあり、ユーカリの毒を分解して消化することができる

特別な歯の形

30本の歯のうち臼歯が20本あって、ユーカリをすりつぶして舌で集めて飲み込む

コアラとユーカリ

コアラのフンは ユーカリのにおいがする

コアラは毎日、フンをします。色は黒っぽく、少し細長い形をしていてコロコロしているのが特徴です。1日に100〜250gくらいの量が出て、水分が少なく乾燥しています。

ユーカリしか食べないコアラのフンはユーカリのにおいがします。

フンの中もユーカリの繊維質がぎっしり詰まっています。コアラの排泄は昼間より夜間にすることが多く、動物園では、午前中にフンの状態を見ながら、コアラの健康管理をしたり、展示室内の掃除をしたりしています。

食べてから2週間かけて排泄

コアラ舎の中は
あちこちに
フンが落ちている

コアラのフン(壁に貼り付けた展示より)

コアラとユーカリ

ユーカリの好みは お母さんの腸内細菌と関係している

コアラの赤ちゃんは、生後６ヵ月くらいになるとパップと呼ばれるお母さんの盲腸便を食べます。パップは普通のフンと違い、柔らかく子どもが食べやすい、ミルクからユーカリの葉に移行するための離乳食。このパップには母の腸内細菌が含まれるので、これを食べることで消化器官の細菌を定着させ、ユーカリを解毒、消化できるようになるのです。

また親からのユーカリを食べて消化した腸内細菌を受け継ぐことから、好みも似ているのではないかということが最近の研究で解明されました。ユーカリの好みを解明することで今後動物園での給餌効率を上げることが期待されています。

写真提供／淡路ファームパーク　イングランドの丘

生後６ヵ月くらいからお母さんの袋から顔を出してお母さんのお尻から出るパップを食べ始めます

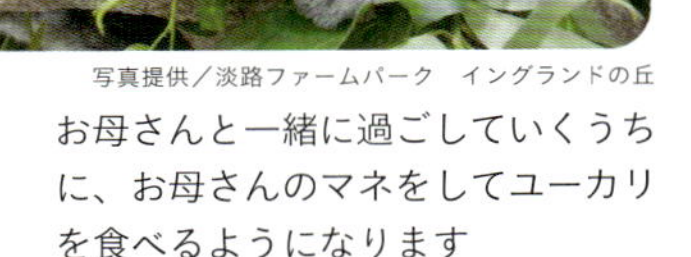

写真提供／淡路ファームパーク　イングランドの丘

お母さんと一緒に過ごしていくうちに、お母さんのマネをしてユーカリを食べるようになります

柔らかなパップは赤ちゃんの離乳食

写真提供／名古屋市東山動植物園

いろいろコアラ❶

こまち＆あずま
仲良くユーカリを
食べる姿にほっこり

オウカ＆シャイニー
親子じゃないけど仲良し！

写真協力／神戸市立王子動物園

ウミ＆ナギ
飼育員さんが
キャッチした
キュートな
親子ショット

写真提供／淡路ファームパーク　イングランドの丘

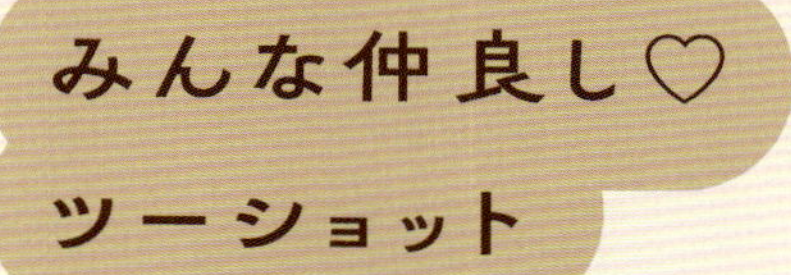

ユーカリを食べたり、
同じ木に登ったり
仲良く過ごす姿を見ることができます！

あくびの瞬間をとらえました

ユーカリを食べてお腹いっぱい。
そろそろ眠くなってきたコアラの
かわいいあくびカット。

母も息子も
おねむのご様子

大きく
お口を開けて

怒ってません、
眠いんです……

ファ〜

PART 2

コアラの活動時間、飼育員さんの1日

ユーカリの調達方法

コアラの日常ってどんなかんじなの?

動物園のコアラは毎日どう過ごしているのか?
ユーカリを食べるタイミングは?
活動時間はいつ?
知られざるコアラの1日をレポートします。
さらにコアラの一番身近でお世話している飼育員さんの1日や
コアラの飼育の大変さについてもインタビュー。
また、コアラが大好きなユーカリは
どのように調達されているのかも紹介します。
「いつまでも健康で穏やかに過ごしてほしい」そんな想いのもと、
コアラを取り巻く人々の活動に焦点を当てました。

コアラの1日

コアラは寝て起きて食べてまた寝る

コアラは基本、１日の大半は睡眠と休息です。動物園の場合、野生と違ってユーカリを新しいものに替える時間があり、その時間帯に起きて食べたり、木の上を歩いたりします。食事時間は30分くらいで、お腹がいっぱいになるとまた寝るかじっとしています。ユーカリは栄養価が少なく、解毒と消化に時間がかかるためコアラにとって睡眠と休息は何よりも大切です。

エサ替えの時間が近いので、動く個体もある

消化するために寝るか休息

コアラ館のオープン時間は寝ている。飼育員が中に入ってきたのに気がついて起きる場合も

エサ替えタイム。新鮮なユーカリの葉を食べる

活動
（移動・食事など）
数時間

睡眠とリラックス
約20時間

コアラの24時間の過ごし方

寝ているかリラックスしている時間が多いですが、ときどき起きて木登りしたりユーカリを食べたりして過ごしています。

食べたらまた寝る

とにかく寝る

ユーカリの葉を食べる　寝る

19:00　19:30　5:00　5:30（明け方）

この間、寝て起きて食べるを繰り返す。夜中に歩くことも

一部ユーカリを替えるので起きて食べる場合も

ユーカリの葉を食べる

飼育員さんの1日

ユーカリの準備と 体調管理に大忙しなスケジュール

コアラは1日の大半はじっとしていますが、飼育員さんは大忙し。

朝から、コアラが大好きなユーカリのエサ作りをしますが、ただユーカリを剪定するだけでなく、個体ごとに前日食べた量や体調によって調節したり、好みを分けたりするのに1時間以上かかります。

また、実際にコアラの様子を見て体調チェックすることが一番大切な仕事です。

※淡路ファームパーク　イングランドの丘の例

ある日の飼育員さんの1日

8:30 出勤　朝礼

たくさん食べてくれますように

9:00 飼育スタート

【やること】
- 1人は夜間のモニターチェック
- もう1人はユーカリの交換のためのエサの準備をする

コアラは2人体制で飼育

モニターチェックは細かく記録する

何時に採食し、どれくらい食べているか、どれくらい寝ているか、発情行動が見られないか、以前とは違った行動はしていないかまで細かく1頭ずつチェックします。

ユーカリの準備には時間がかかる

その日ごとに個体の好みに合わせた献立を作ります。コアラが食べやすいように枝を剪定したユーカリを一本ずつ計量して記録した後、個体ごとに分けたバケツに入れてユーカリをすぐにコアラたちに持っていけるようにします。ここまで1時間以上かかります。

よくがんばったね！

体重測定

ユーカリを交換しつつ、コアラの様子をチェック

新鮮なユーカリを持って展示場内に入ります。その際、展示場に落ちているフンやユーカリの葉を掃除して、衛生を保ちます。便秘でお腹が張っていないか、首などを触ってリンパ節が腫れていないか、体調チェックもします。時にはグルーミングや爪を切って、健康管理することも。繊細な動物なのでコアラとの接触はこの時間になるべくすませるようにしています。また、止まり木は湿気などにより劣化しやすいため、割れていないかなどもチェックします。

掃除

体調チェック

グルーミング

止まり木チェック

飼育員は交代でお昼休憩

11:30

12:30

おまたせ！

エサ替え

ユーカリを交換しながら、コアラの体調や様子をチェック

【やること】

- ユーカリを交換する
- 展示場の掃除
- コアラの体調を確認
- 止まり木のチェック
- グルーミングをする
- ユーカリを食べた量をチェック

写真提供／淡路ファームパーク　イングランドの丘

掃除＆ユーカリ畑へ

【やること】

・エサを作る部屋の掃除
・園内のユーカリの圃場に行き、ユーカリを採取
・モニターでコアラの様子をチェック

次の日の分のユーカリ採取や生育の調査に

園内に圃場があるため、飼育員自らユーカリの採取に。ユーカリの生育の状態などもチェックして、今後のエサの量の調整をします。

夜間、お腹が空かないようにユーカリを入れ替え

午前中のユーカリ交換で食べた量をチェックしてあるので、それに合わせて夜間お腹が空かないように一部のユーカリを入れ替えます。もちろんコアラを観察して、様子をチェック。

13:30

15:30

17:30 飼育終了

18:00 事務作業をして帰宅

ユーカリの入れ替え

【やること】

・効率よく食べられるように一部ユーカリを入れ替え
・掃除をする

たくさん
食べてね

写真提供／淡路ファームパーク　イングランドの丘

コアラの体調管理

採食の状態やフン・排尿などでチェック

コアラは繊細な性質で、環境変化は体調不良の原因になるため、どの園でもストレスを感じにくい環境作りを心がけています。

またコアラはクラミジア、コアラレトロウイルス、リンパ腫といった重篤な病気を引き起こすことが知られていて、罹（かか）ってしまうと回復が難しいため各園では毎日、コアラの体調管理を徹底し、対策しています。

主なコアラの体調チェック

❶ 採食の状態

毎日与えるユーカリはどれくらい食べているか、交換するとユーカリにすぐ興味を示すかなどチェックします。病気になると食欲が落ちることが多いので、食べる量をしっかり記録を取ります。

❷ 触ってチェック

リンパ腫が心配なので、脇の下、鼠径（そけい）部、あご下などを触って、腫れていないかチェックします。またお腹が張っていないか、怪我はないかなども確認します。

❸ 体重チェック

赤ちゃんは毎週、大人のコアラは月に１回は体重を測って、成長や痩せていないかを確認します。

写真提供／淡路ファームパーク イングランドの丘

❹ フンや排尿

普通はコロコロして乾いたフンですが、ベチャッとしたフンだとお腹を壊している可能性があります。また、年を取ると便秘になりやすいので、フンの量もチェック。便秘の場合はお腹をマッサージすることも。

★その他、獣医さんによる定期的な健康診断も行います。

コアラ豆知識

ユーカリペーストをあげることも！

水を飲まないコアラに薬を飲ませるのは至難のわざ。病気になってしまうと、薬を塗ったユーカリを食べてくれないため、ユーカリをドロドロのペースト状にして薬を混ぜてあげることも。

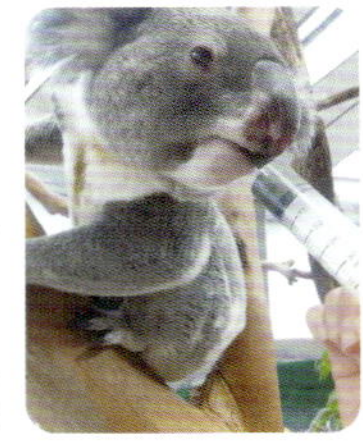

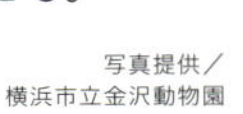

写真提供／横浜市立金沢動物園

飼育員さんインタビュー

“コアラが長生きできる環境作りを続けていきたい”

淡路ファームパーク イングランドの丘
施設管理課 課長
後藤 敦さん

コアラが展示されている国内７つの動物園の中で
唯一南方系コアラを飼育している
「淡路ファームパーク イングランドの丘」の
施設管理課 課長　後藤 敦さんはコアラ飼育歴22年の大ベテラン。
そんな後藤さんにコアラの飼育の難しさや喜びについて、聞いてみました。

――なぜ、淡路ファームパーク　イングランドの丘にだけ南方系コアラがいるんですか？

後藤さん：兵庫県と西オーストラリア州が姉妹提携という関係で、西オーストラリア州の動物園から寄贈されました。そこの動物園が南方系コアラを飼育していたんです。それで1987年に２頭、こちらに寄贈され、その後も南方系コアラが来園するようになったんです。現在はオスとメス１頭ずつ、南方系コアラを飼育しています。

――南方系コアラと北方系コアラの飼育の違いはありますか？

後藤さん：南方系コアラは北方系コアラに比べて、体が大きくて毛の色も茶色っぽく、毛も長く見た目も全然違います。個体によりますが、うちにいるコアラはみんなおっとりしてのんびりした性格ですね。でも一番の違いで大変なのが、ユーカリの好みが全く違うということです。北方系の好きなユーカリの種類は、アンプリフォリアやプンクタータですが、南方系はビミナリスやゴニオカリクスなどを好むため、常時10種類以上のユーカリを栽培しています。

南方系コアラの「だいち」

――コアラの飼育で一番大変なことはなんですか？

後藤さん：ずばり、ユーカリの確保です。コアラはユーカリしか食べないので、毎日食べる分、ちゃんと確保できるかが一番気にかけていることですね。ユーカリはうちの場合は、園内を含めて淡路島に３ヵ所と鹿児島に１ヵ所あります。大きな台風などがあるとやはり被害が大きくて、最近頭を悩ませています。また南方系コアラが好むユーカリは日本の気候に合わないものが多く、生育に苦労します。

　なので、毎日コアラと同じくらいユーカリの生育のチェックは欠かせません。

ユーカリをどれくらい食べたかグラム単位で記録

――ユーカリの確保以外に苦労されていることはありますか？

後藤さん：やはり体調管理です。気がついたときに病気が悪化していたということもあるので、毎日、どれくらいユーカリを食べたかはグラム単位で記録しています。食欲が落ちていると心配になります。2022年11月に亡くなりましたが、当施設にいたメスの南方系コアラ「みどり」は世界最高齢の飼育コアラとしてギネス世界記録に認定され長生きしてくれました。

今も、うちにいる南方系コアラの「のぞみ」は16歳で国内で飼育されているコアラの中で最高齢です。なので、けっこう気は遣います。

他のコアラにもしていますが、体を触ってリンパが腫れていないか、お腹が張っていないかチェックします。便秘になりやすいので、お腹をマッサージすると気持ちよさそうにすることもあります。あとは、フンや排尿をしているかなどの体調チェックは毎日欠かせません。

また、お尻の毛など自分でできない部分のグルーミングをすることがあります。

――今日、「のぞみ」を抱っこされていましたね？あれは何かあったのですか？

後藤さん：「のぞみ」はけっこう甘えん坊で、抱っこが好きなんですけど、今日はおしっこをしていなかったので、地面に降りてしてもらおうとしたら、抱っこをせがまれました。あと、「だいち」はマッサージが好きですね。

南方系コアラの「のぞみ」はとにかく抱っこが好き

赤ちゃんが無事に生まれて育ってくれるのは嬉しい

――他のコアラもそんな感じなんですか？

後藤さん：個体によりますね。「ウミ」はグルーミングしようとすると逃げますし。でも基本はコアラは繊細な動物なので、エサ交換のときに接触するくらいで、あとはモニターで観察してストレスにならないようにしています。よく来園者の方から「コアラって懐くんですか？」と質問されますが、コアラってそういう懐くっていう感覚はないんです。私たちのことは一応、エサを届けてくれる人くらいは認識していますが、寄って来るとか呼んだら来る

「ぜひコアラに会いに来てください！」と後藤さん

「日々の成長が嬉しい」と語る後藤さん。ナギの体重測定シーン。がんばって木につかまる姿がかわいい

とかはないです。

――コアラを飼育されているときの喜びはどんなことですか？

後藤さん：赤ちゃんが無事に生まれて育ってくれるのはやはり嬉しいです。最近「ナギ」が生まれましたが、その前に生まれた子がいて、残念ながら亡くなってしまったので、無事に育ってくれることに喜びを感じます。今のところ順調に体重が増えていて元気よく育っていてほっとしています。

大人のコアラも、「みどり」のように長生きしてくれるとすごくやりがいを感じます。

――今後の目標は？

後藤さん：コアラが少しでも長生きできるようにしていきたいですね。コアラが亡くなると、私たちは解剖にも立ち会って、今後の飼育に役立てるようにしています。そうやって命をつないでいき、オーストラリアの野生のコアラのために何か貢献できるといいなと思っています。また、「のぞみ」は年齢的に繁殖は難しいので、「だいち」のお嫁さんになる南方系コアラの来園を望んでいます。

コアラはぬいぐるみのようにかわいいと言われますが、来園者の方にはかわいいだけでなく、少しでもコアラに興味を持っていただき、野生のコアラの現状について思いを馳せていただければと思います。そのためにも、コアラの展示がこれからも続けられるようにがんばります！

写真提供／淡路ファームパーク　イングランドの丘

飼育員さんインタビュー

“コアラの体調管理をするために モニターチェックは念入りにする”

神戸市立王子動物園
飼育員（学芸員）
佐藤公俊さん

６頭のコアラを飼育する神戸市立王子動物園の飼育担当で、
学芸員の佐藤公俊さんはコアラの担当になって５年目。
それまでゾウを12年担当されていたそうで
ゾウとコアラの飼育には大きな違いがあるとのこと。
知られざる飼育の裏側やコアラの飼育の難しさ、
飼育員になった理由などをインタビューしました。

他の園からの情報は
すごく勉強になります

――佐藤さんはコアラの前はゾウを担当されていたんですね？

佐藤さん：そうです。ゾウは12年担当していました。私は市役所採用なので、王子動物園の前には道路機動隊事務所にいたんですよ。

――動物園勤務になったきっかけはどんなことですか？

佐藤さん：動物園勤務の希望はずっと出していました。実は私は王子動物園の近くが地元で子どもの頃から王子動物園に通って、ゾウの「諏訪子」が好きでゾウの世話ができたらと思っていたら夢がかなって「諏訪子」の世話をすることに。最期も看取ることができました。

――ゾウとコアラの飼育の違いはありますか？

佐藤さん：ゾウは巨体ですから、距離の取り方を間違うと危険を伴います。ゾウの死角には入らない、私はいつもここにいるよ！とゾウにアピールして飼育していました。コアラはそういった危険はないですが、とても繊細な動物のため、体調管理にすごく気を配ります。さまざまな環境の変化によって、ストレスが原因で体調を崩すこともあります。特に音には気をつけています。コアラって耳が大きいのが特徴の一つですが、音にとても敏感なんです。職員が展示室内に入ってくる音にもすぐ反応します。

もっとコアラのことを勉強していきたい

――他に体調管理はどんなことをしていますか？

佐藤さん：毎週、獣医さんに健康診断してもらっています。コアラレトロウイルスは脅威なので、早めに異変に気づくことは大切です。またモニターチェックには時間をかけています。特に夜間はどんな様子なのか、発情の動作を見逃さないようにしています。

――コアラの飼育で大変なことはなんですか？

佐藤さん：どこの園でもそうですが、ユーカリの確保です。ゾウのエサは市場で買えますが、ユーカリは売っていません。これはコアラと他の動物との大きな違いでどこの園でも苦労していることです。当園は岡山や鹿児島に圃場があるので、ときどき生育の状態を調査に行って、ユーカリの収穫に問題ないかチェックします。

――今後の目標は？

佐藤さん：コアラは注目度の高い動物なので、やりがいを感じています。まだまだ勉強中なので早くコアラなら佐藤さんと言われるようにがんばりたいです。年に１度７つの園のコアラ担当が集まって勉強会をしていますが、さまざまな情報交換や報告がされるので、いつも楽しみにしています。

コアラがずっと過ごす場所

コアラ舎ってどんなところ?

動物園でコアラがずっと過ごすコアラ舎がどんな造りになっているか、2024年９月末に４年に１度の止まり木更新工事をした名古屋市東山動植物園のコアラ舎の中を紹介します！

止まり木は湿気によってカビが生えたり、傷んだりするためどこの園でも定期的に止まり木更新工事や掃除が行われているそうです。

コアラが24時間、快適に過ごせるように、温度から止まり木の設定までさまざまな工夫がされています。

また、館内は至るところにカメラが設置されていて、24時間録画してコアラの様子をチェックします。

ラジオが流れている

人の声に慣らすため展示室の中はラジオや小川のせせらぎの音を流しています。シーンとした環境だと、飼育員さんが入ってきた音でもびっくりしてしまうので、人の声や雑音に慣れさせるようにしています

館内の温度

コアラが快適に過ごせるように温度は23〜24度くらいに管理されています。暑さに慣らすために、天気のいい日は天窓を開けて温度調整をすることも

カメラを設置

館内には至るところにカメラがあり、24時間録画してコアラの様子を確認。エサ替えや掃除が終わったら、録画された夜間の様子をチェックし、発情の兆候や行動に異変がないか確認します

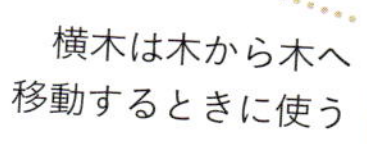

横木は木から木へ
移動するときに使う

止まり木を設置

止まり木の種類は主にクヌギやコナラの木を使用。コアラがユーカリを食べ、リラックスして座りやすいように、止まり木に股を多く配置しています。また横木はたくさん設置して、自然な行動ができるようにしています

高さは5～6m

止まり木は高さ5～6mのものを設置。高い位置にも横木を組むようにしています

コアラは木の股のところによく座る

地面は真砂土を使用

水が染みこまないので、おしっこや汚れを流しやすく衛生的です

※地面の素材は園によって異なる。

ユーカリは筒に設置されている

止まり木につけた筒に水を入れて、ユーカリをさします。毎日新しいユーカリに交換されます。エサ替えの前に筒の掃除や水替えを行います

コアラの大切な食料

ユーカリ畑を訪ねて

コアラにとってユーカリは欠かすことができない食料のためどの動物園でも専用のユーカリの圃場があったり、農場と契約したりして安定的にユーカリを用意できるようにしています。

今回はコアラを飼育するためには欠かすことができない大切なユーカリがどんなふうに栽培されているのか、名古屋市東山動植物園の圃場を訪ねました。

園から車で10分。平和公園に広がるユーカリの圃場はまるで小さな森のよう。これは全て東山動植物園のコアラのためのユーカリ畑なのです。

ユーカリの原産地はオーストラリア本島やタスマニア島で、乾燥した気候を好み、暑さには強く、寒さに弱いのが一般的で、日本の気候に適さない植物です。また、原産地に近い環境だと高さ数十メールに成長し枝葉を伸ばし樹形を乱してしまうこともあり、剪定するなどの管理が必要でコアラのためのユーカリの確保と栽培に、途方もない時間と労力がかけられています。

コアラは水も飲まず、
ユーカリしか食べません

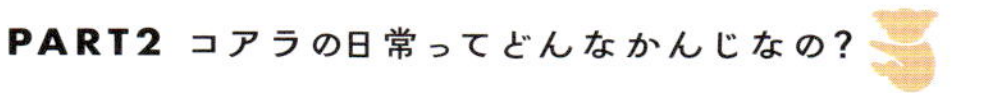

ぜ〜んぶコアラのためのユーカリ!

名古屋市東山動植物園のユーカリ圃場DATA

総面積：44,000㎡
ビニールハウス：6,734㎡
種類数：約30種
本数：約10,000本を栽培

ユーカリの基本情報

コアラの命をつなぐユーカリ 種類、食べる量etc.

コアラはユーカリしか食べないため、ユーカリの確保を安定的にできないとコアラの飼育は不可能です。

各園、ユーカリをいかに安定的に確保できるかが課題になっています。

でもあんなにたくさんあるのにまだ足りない？という疑問も。

そんなコアラのために栽培されているユーカリの基本情報を紹介します！

種をまいて コアラのエサになるまで 3年くらいかかる

ユーカリは、種をまいて半年くらいかけて30cmの苗にします。そこから３年ほどで３ｍくらいになってようやくコアラのエサとして収穫できます。コアラのエサの確保のため、ユーカリの生育状態は毎日チェックされています。

ユーカリの実。中の茶色のものが種となる

ビニールハウスでも栽培される

どこでも栽培できる というわけではない

ユーカリはもともとオーストラリアの乾燥した暑いところに自生するので、雨が多く湿度が高い日本の気候には合わないのです。ユーカリは寒さに弱いので温室や、鹿児島などの温かい地域で栽培することで通年採取できるようにしています。

ユーカリの栽培は自然災害との戦い

気候変動の影響で、年々大型化する台風や冬の大寒波などにより、ユーカリ栽培が大きな影響を受けています。天候や災害によって、運搬が遮断されることもあるので、常に調査やチェックをしています。

屋外にあるユーカリ畑。ここにあるユーカリの木は全てコアラのご飯に

コアラが好きなユーカリの種類を栽培

1000種近くあるユーカリの中で、コアラが食べられるのは100種類ほど。その中からコアラが好んで食べた品種を約30種類ほど厳選して栽培しています。ユーカリならなんでもいいというわけではないのです。

コアラは新芽や若い芽しか食べない

コアラはだいたい１日につき400～500ｇくらいユーカリを食べます。特に新芽や若い芽を好んで食べます。そのため毎日まとまった量のユーカリが必要になるのです。成長した葉は残して、お腹が空いていても食べず、次のユーカリの替えの時間を待っていることが多いようです。

ユーカリ交換タイムに新しいユーカリがコアラのもとに届けられる

嗅覚を使って
好みのユーカリを嗅ぎ分ける

それぞれユーカリの好みが違う

実はユーカリの好みは１頭ずつ違います。他のコアラの好む種類だからといって与えても食べない個体もいます。また同じ種類ばかりだと食べなくなってしまうことも。そのため、さまざまな種類を交ぜるなど工夫が必要です。

ユーカリ栽培専門スタッフインタビュー

“ただユーカリを育てているのではなく、命を育てています”

東山動植物園　ユーカリ担当
臼井 潔さん

どの園もユーカリの圃場を持っていてコアラ担当の飼育員さんがユーカリの採取・管理を担っていますが、名古屋市東山動植物園では、コアラのためのユーカリ栽培の専門スタッフが在籍しています。この道17年のベテランの臼井潔さんは、他の園からもユーカリのことなら臼井さん！と頼りにされている存在。そんな臼井さんにユーカリ畑の歴史や栽培の難しさについてお聞きしました。

1頭のコアラに与える1日のユーカリの枝の目安はこれの9本分

――こちらの圃場はいつからあるのですか？

臼井さん：コアラが来園する2年前なので、42年前にできました。これは聞いた話ですが、オーストラリアの動物園がコアラを東山動植物園に寄贈する条件は、日本で栽培したユーカリをコアラが食べることだったらしく、栽培したユーカリをオーストラリアに空輸してコアラに食べさせたらしいです。当時はユーカリの栽培方法やどんな種類を好むかがわからなかったので、手探りの状態で栽培していて大変だったと思います。

――ユーカリの栽培でどんなことが大変ですか？

臼井さん：けっこう世話がかかるんですよ。ユーカリは放っておくとどんどん伸びるし、枝葉も横に伸びたりして、樹形が乱れるので、剪定しないといけないんです。

あと、虫ですね。ユーカリはアブラムシが多くつきます。コアラのエサになるので農薬は使えません。なので、手でつぶしたり、水圧で取り除いたりしています。

――他にユーカリを育てるのに苦労されていることは？

臼井さん：やはり農作物なので、僕たちがいくらがんばっても天気に勝てません。

　気候変動、温暖化の影響で、台風が大型化していて……。東山動植物園はここ以外に静岡と鹿児島と沖縄に圃場があるので、名古屋以外の天気もすごく気になります。大雨や強風でけっこう大きな被害が出ています。鹿児島と沖縄は主に冬期のエサとしているので、寒波とかがあるとユーカリが確保できるか心配になります。気候変動による影響が大きくなっていることが、今一番頭を抱えている問題です。

臼井さんたちが丹精込めて育てたユーカリ

お腹いっぱいコアラには食べてほしい

――ユーカリの種類はどう選別しているのですか？

臼井さん：今までの経験からコアラが好むユーカリの種類はわかってきたんですが、実際にあげてみないと食べるかどうかわからないんです。あげてみて食べなかったら伐採することもあります。

　１頭ごとに好みが違うので、好きなものは持っていってあげたいけど、エサになるまで３年かかってしまいます。なるべく今いるコアラたちの好みに合わせて圃場の比率を操作したいと思っていますが、なかなか難しいですね。

――好みの種類はありますか？

臼井さん：テレチコルニスやカマルドレンシスなどは続けてあげても飽きがこないようです。糖分が多いプンクタータも東山のコアラは好きなようです。コアラ同様、ユーカリも生き物で命を育てています。変わりゆく自然環境を考慮しながらコアラのために大切に育てていきたいです。

いろいろコアラ ❷

移動したい木を確認

まず、腕を伸ばして……

ジャンプするコアラを連写でキャッチ

木登りが得意なコアラ。
華麗に木から木へ移動します。

着地成功!

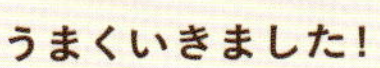
うまくいきました!

PART 3

すくすく育ってね♡

コアラの赤ちゃんの成長記録

動物園でコアラの赤ちゃんが生まれても、
飼育員さんが直接何かするわけではありません。
生後６ヵ月経って、お母さんの袋の中から赤ちゃんが顔を出す瞬間、
元気に育っていることがやっとわかり、
飼育員さんはほっとされるそうです。
その後はお母さんの背中に乗ったり、袋の中に入って寝たりなど
このときにしか見ることができない
コアラの赤ちゃんのかわいい姿を観察できます。
今回は名古屋市東山動植物園で
2023年10月に誕生した「もなか」の成長を
飼育員さんが記録した写真とレポートと共にお届けします。

※写真は2023年10月〜2024年９月頃のものになります。

コアラのお母さん

コアラの妊娠期間は約35日間と短い！

メスのコアラは４～５歳で成熟し、子どもを産み、１回の妊娠で１頭を出産します。毎年産むわけではないため、１頭のコアラが生涯出産するのは４～５頭と言われています。コアラは有袋類で胎盤を持たないため、妊娠期間は約35日間と短く、赤ちゃんは未熟な状態で生まれ、自力でお母さんのお腹の袋（育児嚢）の中に入ります。袋の中には乳首があって、赤ちゃんはそこからミルクを飲んで４～６ヵ月間は袋の中で成長するのです。子育て期間は約１年で、その間子どもはお母さんの袋の中や背中に乗って、一緒に過ごします。

写真提供／名古屋市東山動植物園

生後６ヵ月以降になると、赤ちゃんは袋から出てくる

お母さんコアラはココがすごい！

写真提供／名古屋市東山動植物園

❶ 出産兆候はわかりづらい

妊娠すると、食欲がなくなったり、落ち着きがなくなったりするのが特徴。出産時は耳をパタパタ動かしたり、お腹のほうを見たりします。動物園ではそういった微妙な動きを記録して、出産の時期を見逃さないようにしています。

❷ 飼育員は出産に立ち会わない

出産が近くなると少しでも安定した場所で産もうと横木や木の股に移動します。交尾から35〜40日経つ頃に袋の中を確認するパウチチェックをして、赤ちゃんが袋に入っていることを目視で確認するようにしています。

❸ 子育てにオスは一切関わらない

人間で言う、完全ワンオペ状態で、一切オスは子育てに関わりません。メスはお腹の袋の中で赤ちゃんを育て、生後６ヵ月以降に袋から赤ちゃんが出入りしてからも、一緒に過ごします。

❹ 発情期が来たら子どもは邪魔になる

お母さんの背中に乗ったり、一緒の木で過ごしたり仲睦まじいコアラの親子ですが、発情期が来ると子どもはもう目に入らなくなります。子どもも独り立ちして、単独で過ごすことが多くなります。

ただいま子育て中です！

写真提供／名古屋市東山動植物園

コアラ豆知識

コアラの交尾はわずか２分！ かなり短い

野生では８月〜２月が発情期と言われていますが、動物園ではコアラの体調や様子を見てマッチングを試みています。発情期はオスの動きが活発になり太い声で鳴くことが多くなります。
交尾は２分ほどと短く、オスがメスの首の後ろに噛みつきながら交尾します。

コアラの赤ちゃん

お母さんの袋の中ですくすく育つ

コアラの赤ちゃんは体長約２㎝、体重は１ｇ以下、毛も生えていない、未熟な状態で生まれますが、腕だけはしっかりしています。これは生まれてすぐ、腕全体を使ってお母さんの育児嚢に向かってよじ登り乳首をくわえるためだと言われています。しばらくはお母さんのミルクで育ち、生後６ヵ月頃からお母さんの盲腸便のパップを食べて、ユーカリの毒を分解、消化できる腸内細菌をお腹の中に根付かせるのです。

大きくなるに連れてお母さんの袋の中が窮屈になり、ときどき顔や足を袋から見せるようになり、生後７～８ヵ月くらいから袋の外に出て、お母さんの背中に乗り、ユーカリをたくさん食べることでどんどん成長していきます。

写真提供／名古屋市東山動植物園

写真提供／名古屋市東山動植物園

コアラの一生

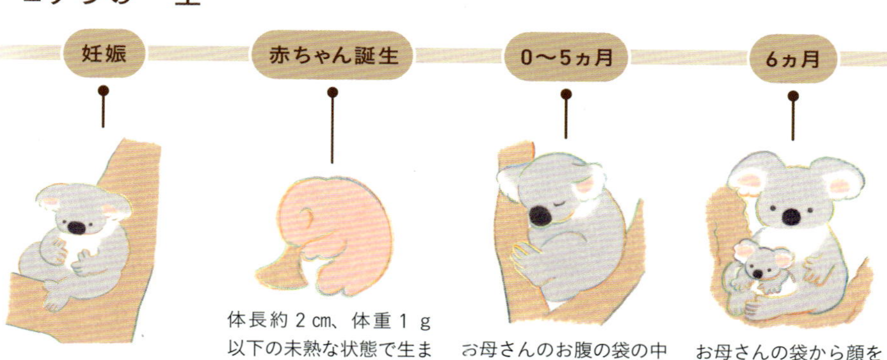

妊娠期間は約35日

体長約２㎝、体重１ｇ以下の未熟な状態で生まれる

お母さんのお腹の袋の中で育つ

お母さんの袋から顔を出してパップを食べる

コアラの赤ちゃんはココがすごい！

❶ 生まれたらすぐ自分の力でお母さんの袋の中に入る

誰に教わったわけでもなく、生まれたらすぐにおいを頼りに腕全体を使ってお母さんの袋の中に入ります。お母さんは袋の中に赤ちゃんが入ると敏感に感じて、耳を動かすなどします。動物園では、そういった行動を見逃さないように24時間モニターで観察をして、赤ちゃんが入ったかどうか袋の中を確認します。

❷ お母さんコアラが括約筋（かつやくきん）を強く締めて赤ちゃんを落とさない

お母さんの袋の中には乳首があり、赤ちゃんはそれにつかまって、おっぱいを飲んで大きくなります。コアラの袋は下向きに口が開いているため、赤ちゃんが落ちる心配がありますが、お母さんは括約筋を強く締めて、袋を閉じた状態で子育てしています。

❸ お母さんコアラからの盲腸便のパップを食べる

生後６ヵ月頃になると、袋から顔を出して、ミルクの他にパップという離乳食を食べます。パップはお母さんの盲腸便で柔らかい状態のフンです。カンガルーと違ってコアラの袋が下向きなのは、パップがお母さんのお尻から出るため、赤ちゃんが袋から顔を出したときに食べやすいためだと言われています。

❹ 大きくなったら、袋の中は窮屈になり、出てくる

未熟な状態で生まれたコアラの赤ちゃんも生後６ヵ月を過ぎると毛も生えて、だんだんコアラらしくなってきます。パップを食べてまた袋の中に出入りを繰り返し、どんどん大きくなると袋の中にいることに窮屈さを感じて、袋から出て、顔や体を出します。７〜８ヵ月以降になるとお母さんと一緒にユーカリを食べて成長していきます。

7〜8ヵ月

お母さんにつかまって過ごす。ユーカリを食べ始める

1歳半

お母さんから独り立ち。動物園によってはメスの子どもはその後も一緒に過ごすことも

4〜5歳 / **10〜15歳**

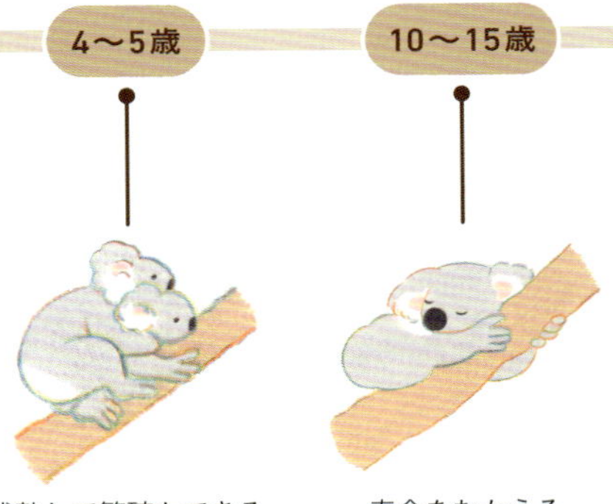

成熟して繁殖もできる

寿命をむかえる

こんにちは！ 赤ちゃん！

コアラの赤ちゃん成長日記

名古屋市東山動植物園で2023年10月20日に誕生した
コアラの赤ちゃん「もなか」。
飼育員さんが撮影した愛らしい成長記録をお届けします。
お母さんの「りん」の袋の中から少しずつ顔を出す姿や
お母さんの背中に乗る姿など、
どんどん成長する赤ちゃんの様子を覗いてみましょう。

名古屋市東山動植物園の「もなか」。生後８ヵ月頃。 写真提供／名古屋市東山動植物園

2023.10.20

誕生

りんが出産

袋の中に赤ちゃんがいるのを確認。無事に育ちますように…

生後約6ヵ月

写真提供／名古屋市東山動植物園

2024.4.17

赤ちゃんが袋から顔を出す

順調に育っていることを確認。飼育員、スタッフみんなが少しほっとする瞬間です。
元気に育ってね。

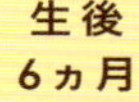

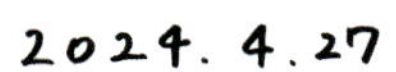

顔や足も袋から出るようになる

順調に袋の中で育っています。パップも食べているようです。

写真提供／名古屋市東山動植物園

こんにちは 赤ちゃん

写真提供／名古屋市東山動植物園

体もしっかり出てきた

生後
6ヵ月

3点全て写真提供／名古屋市東山動植物園

2024.5.14

少しずつ顔を出す時間が多くなる

お母さんの袋から出てきて、
甘えている姿がかわいいです。

2024.5.14

初めての体重測定

初めて体重測定に挑戦しました。ぬいぐるみにつかまらせて測定します。
終わったらすぐお母さんのところに戻します。すくすく大きくなってね。

写真提供／名古屋市東山動植物園

2024.5.22

お母さんの背中に乗るようになる

お腹の袋から出て、母親の背中にしがみつくような様子も見られるようになりました。オスということも判別でき、愛称の投票準備をすることに。

生後
7ヵ月

写真提供／名古屋市東山動植物園

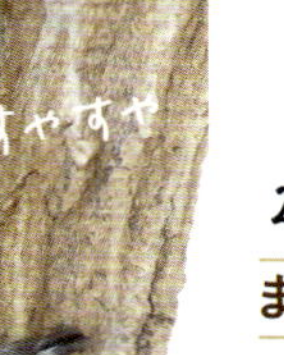

2024.6.9

まだまだ甘えたい?!

お尻は白。お顔は黒っぽい。まだまだお母さんにべったり。いっぱい甘えてね。

生後
7ヵ月

3点全て写真提供／名古屋市東山動植物園

お尻は白くてもふ〜もふ〜

2024. 6. 20

お母さんの頭の上に乗ることも

お母さんが移動するときに頭の上に赤ちゃんのお顔がのっているのがかわいい!
寝るときはまだお母さんのお腹のほうですやすや。

写真提供/名古屋市東山動植物園

写真提供/名古屋市東山動植物園

貴重な
あくびショット

写真提供/名古屋市東山動植物園

写真提供/名古屋市東山動植物園

2024. 7. 6

愛称の投票スタート

飼育員さんが考えた4つの愛称「まんぷく」「せんべい」「もなか」「オペラ」の中から来園者に投票してもらうことに。
顔もどんどんしっかりしてきています。

どんどん大きくなってね

生後
8ヵ月

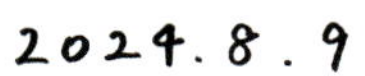

2点共に写真提供／
名古屋市東山動植物園

2024.7.10

一人で体重測定に挑戦

木につかまって体重測定できるようになりました。でも早くお母さんのところに帰りたい〜。
体重は約1700ｇで順調に育っています。
お母さんと一緒にユーカリを食べるようになりました。

2024.8.9

名前は「もなか」に決定！

投票は７月６日から28日の期間で行われ、5447票の応募があり、2261票を獲得した「もなか」に決まりました。

生後
9ヵ月

写真提供／名古屋市東山動植物園

生後
11ヵ月

2024.9.20

「りん」と「もなか」は2頭暮らし継続中

もうすぐ１歳。まだまだお母さんに甘えていたいみたい。
「りん」はメスの群れに戻す予定でしたが、止まり木更新工事の予定があったので、２頭暮らしを継続することに。

ほっこり癒やされ度満点！

コアラの親子ギャラリー

コアラの子育ては約１年と短く、
お母さんの背中に乗ったり、仲良くくっついたりしているのは
約半年くらいしか見ることができません。
そんなほっこり癒やされるお母さんコアラと赤ちゃんのコアラのツーショットを
２つの園の協力のもと、お届けします！
そのときにしか見られない親子の様子をご紹介します。

りん＆もなか

名古屋市東山動植物園

2023年10月20日に誕生した「もなか」。穏やかな性格の「りん」のもと、すくすく育っています。生まれてから約１年独り立ちを迎えそうです。

写真提供／名古屋市東山動植物園

写真提供／名古屋市東山動植物園

ウミ＆ナギ

淡路ファームパーク イングランドの丘

2023年 7月31日に誕生した「ナギ」。活発な女の子。お母さんの「ウミ」は優しくユーカリを「ナギ」に取られても怒らず見守っています。

写真提供／
淡路ファームパーク
イングランドの丘

いろいろコアラ 3

取材班が偶然キャッチした かわいいコアラのしぐさ

コアラのかわいい姿を逃さないように
カメラを向け続けた日々。
さまざまな姿を見せてくれました！

宝物を
抱えているのかな

瞑想中……

「考えるコアラ」

守りたい
この笑顔

抱っこして～

「のぞみ」、おねだり成功♡

PART 4

日本でコアラを見られる7つの園

コアラに会いにいこう！

コアラは特殊な生態のため、
どこの動物園でも見ることができるわけではなく
日本では現在、７つの動物園でしかコアラは観察できません。
そんな希少な動物にぜひ会いにいきましょう！
それぞれの園で大切に飼育されていて、
少しでも来園者にコアラに興味を持ってもらうために
生態がわかる展示や
ユーカリを替える時間帯に飼育員さんがレクチャーするなど
さまざまな工夫がされています。
コアラは絶滅が危惧される危急種です。
そんな彼らのために、私たちができることを考えてみませんか？

※コアラの在籍、年齢については2025年１月８日現在のものです。
（ただし、頭数は生態や展示の条件によって異なる場合があります）
※他の園に移動、またコアラの体調や施設整備によってコアラの展示が中止される場合があります。

広々とした館内でゆっくりコアラを観察できる

東京都立多摩動物公園

コアラだけでなくオーストラリアの生き物も展示

広さ約1200㎡。コアラ館は全体的にコアラの丸い形を基調にし、建物を上から見ると母コアラが子どもを背負っている姿をイメージしています。完成当初の外壁は２色でオーストラリアの大地を象徴する赤褐色とユーカリ林の白でできているのが特徴です。

コアラ館の中にはオーストラリアに生息するフクロギツネやフサオネズミカンガルーなども飼育しており、コアラだけでなくオーストラリアの生き物について知ることができます。

☑ユーカリの調達について

多摩動物公園内の他、国内５ヵ所（都立公園１ヵ所、伊豆大島、八丈島、千葉県、和歌山県）。台風などの自然災害や、異常気象、交通が止まるなどのリスク分散のため各地で栽培。またユーカリは寒さに弱いため、冬季は温室や南方の圃場を使います。

動物園の入口から15分ほど歩いた所にある

DATA

- 東京都日野市程久保7-1-1
- 042-591-1611

開園時間：9:30〜17:00（入園は16:00まで）
コアラ館のオープン：10:30〜15:30
休 水曜日（祝日の場合は開園）、12/29〜1/1
https://www.tokyo-zoo.net/zoo/tama/

—

おすすめの来園時間
コアラ館開館直後の10時30分頃はユーカリを食べていることが多いです。（※作業の都合やコアラの状態により絶対ではない）

館内は円形になっていて、コアラとの距離も近い

東京都立多摩動物公園で会えるコアラたち

チャーリー（10歳）♂
2014年11月27日

名古屋市東山動植物園生まれ。2023年11月20日に横浜市立金沢動物園から東京都立多摩動物公園へ来園。

きんとき（2歳）♂
2022年6月25日

東京都立多摩動物公園生まれ。お父さんは横浜市立金沢動物園のコロン。お母さんはきらら。

きらら（6歳）♀
2018年9月6日

名古屋市東山動植物園生まれ。2020年7月27日に名古屋市東山動植物園から東京都立多摩動物公園へ来園。

こまち（7歳）♀
2017年4月27日

名古屋市東山動植物園生まれ。2020年7月27日に名古屋市東山動植物園から東京都立多摩動物公園へ来園。

あずま（3歳）♀
2021年5月18日

東京都立多摩動物公園生まれ。お父さんは横浜市立金沢動物園のコロン。お母さんはこまち。

飼育員さんよりひとこと

ビデオチェックは夜間の行動を見ることで健康の異変や発情の兆候などを把握するための情報の一つとしています。

六角形の展示場でコアラを観察できる

埼玉県こども動物自然公園

さまざまな角度からコアラの動きや生態を観察できる

メスの展示室は六角形になっていて4面がガラス張りなのでいろいろな角度から観察できるようになっています。オスの展示室は少し観覧通路から離れています。コアラの身体能力を発揮できるように、また来園者にもそれを見てもらえるように、できるだけ自然な樹形を活かした止まり木を設置しています。止まり木同士の距離を調整している箇所もあり、コアラのジャンプや、ぶら下がっての移動などの動きが出やすいよう設置設計をしています。

三角の屋根がかわいいコアラ舎

☑ユーカリの調達について

県内数ヵ所、千葉県、静岡県、鹿児島県、八丈島などに圃場があり、農家のみなさんに育ててもらい1年を通して毎日新鮮なユーカリが届くよう計画的に送ってもらいます。また、園内の温室、露地の圃場でも育てています。

DATA

埼玉県東松山市岩殿554
0493-35-1234
開園時間：9:30〜17:00（入園は16:00まで）
11/15〜1/31は9:30〜16:30（入園は15:30まで）
休 月曜日（祝日の場合は開園）、12/29〜1/1
https://www.parks.or.jp/sczoo/

—

おすすめの来園時間

毎日10:30〜11:30くらいの間に、ユーカリを新しいものに交換するので、食べたり動いたりすることが多いです。時には枝から枝へ、ジャンプで飛び移ることも。15時〜16時以降も動くことがあります。

エサのユーカリの枝もあまり長さをそろえすぎず、手を伸ばしてユーカリを手繰り寄せて食べるように設置している

埼玉県こども動物自然公園で会えるコアラたち

ソラ（4歳）♂
2020年6月14日

鹿児島市平川動物公園生まれ。2022年6月に来園。どっしりとした立派な体格で貫禄がある。日中はあまり動かず、夜に活発になるはっきりとした夜行性。

コハル（5歳）♀
2019年4月2日

埼玉県こども動物自然公園生まれ。他のコアラに比べて少し体毛の灰色が濃いめ。小柄で身軽、他のコアラともめないように上手に距離を取って行動している。

ふくの赤ちゃんが2024年5月9日に誕生しました。11月22日に出袋(しゅったい)を確認しました。お父さんはソラです。

Baby 誕生!

ふく（5歳）♀
2019年6月12日

埼玉県こども動物自然公園生まれ。好奇心旺盛で人にも他のコアラにもよくにおいを嗅ぎに近づいて来る。そのせいでミラとはもめていることもある。

ミラの赤ちゃんが2024年6月23日に誕生しました。12月20日に出袋を確認しました。お父さんはソラです。

Baby 誕生!

ミラ（3歳）♀
2021年4月30日

埼玉県こども動物自然公園生まれ。動いているときはとても活発で落ち着きがない。よくジャンプで移動。新しいユーカリが来るとあちこち移動しながらつまみ食いしている。

飼育員さんよりひとこと

コアラはときどき足の人差し指と中指の爪を櫛のように使って毛づくろいします。けっこう体が柔らかく、頭の後ろなども足で掻くことも。毛づくろい中の気持ちよさそうな顔は注目ポイントです!

写真提供／埼玉県こども動物自然公園

じゃれあうコアラたちが見られるかも!

横浜市立金沢動物園

コアラと来園者が同じ目線になるように工夫されている

コアラ展示場の屋内は約173㎡の広さで、1～2階の吹き抜けのような構造になっていて、来園者は2階からコアラを観察できます。止まり木の高さが5mに設計されているので、コアラと来園者の目線が同じようになる工夫がされています。屋外展示場もあり、春や秋の天気と気温により、たんぽぽの体調が良い場合は、屋外展示場に出すことも。

※2025年3月末(予定)まで、コアラ舎の工事のためコアラの展示をお休みしています。

☑ユーカリの調達について

横浜市内に圃場があってそこから1年中調達しています。6～11月は三重県から調達しています。12～5月までの冬場は鹿児島県、沖縄県からも入れてもらっています。

園内のオセアニア区にある

DATA

神奈川県横浜市金沢区釜利谷東5-15-1
045-783-9100
開園時間:9:30～16:30(入園は16:00まで)
休 月曜日(祝日の場合は翌日休園)、12/29～1/1
※5月、10月は無休
https://www.hama-midorinokyokai.or.jp/zoo/kanazawa/

―

おすすめの来園時間

毎週木曜日の11時30分はわくわくタイムを設けて、ユーカリの交換や飼育員からコアラの紹介やオーストラリアにおける現状についてなどのレクチャーがあります。

展示場は天窓があり自然光が降り注ぐ

飼育員さんよりひとこと

わんぱくなひなぎくは止まり木でくるりと逆さまになって、ぶら下がることがあります。ハリーのお尻にはコアラの顔のような白い模様があるので後ろ姿も必見です！

横浜市立金沢動物園で会えるコアラたち

コロン（10歳）♂
2014年11月22日

鹿児島市平川動物公園生まれ。マイペースで穏やかな性格。顔も動きものんびりしている。来園者にファンが多い。

ハリー（2歳）♂
2022年4月22日

横浜市立金沢動物園生まれ。子どもの頃はお母さんといつも一緒にいる甘えん坊だった。活発でユーカリをよく食べる。

ぼたん（7歳）♀
2017年5月12日

神戸市立王子動物園生まれ。優しい性格で子育ても上手。ユーカリを食べるとき、とてもおいしそうな顔をするのが特徴。

※2024年12月13日に亡くなりました

ひなぎく（3歳）♀
2021年12月15日

横浜市立金沢動物園生まれ。好奇心旺盛で天真爛漫。お母さんはぼたん。お母さんやお姉ちゃんが優しいので、わんぱくな娘に育っている。

Baby 誕生！

たんぽぽの赤ちゃんが2024年4月22日に誕生しています。11月16日に出袋を確認しました。名前は今後性別がわかり次第決める予定です。

たんぽぽ（4歳）♀
2020年4月26日

横浜市立金沢動物園生まれ。穏やかで優しい性格。お母さんはぼたん。妹のひなぎくが生まれたときも背中に乗せるなど面倒見がいい。

写真提供／横浜市立金沢動物園

個性豊かな10頭のコアラを観察できる

名古屋市東山動植物園

コアラのさまざまな生態を学ぶことができる

半円形状になった展示場で、来園者がコアラを近くに感じられるように設計されています。展示場内はコアラごとに仕切られていてその前に名前が書かれたプレートがあるので、どのコアラが展示されているかわかりやすくなっています。コアラ舎の入口には生態やコアラが大好きなユーカリの種類などの学習展示施設「KOALA FOREST コアラの森」があり、コアラについて学ぶことができます。

コアラ舎の入口にはユーカリが植えられている

☑ユーカリの調達について

名古屋市内に圃場があって、ユーカリ専用のスタッフがユーカリを育て、毎日新鮮なユーカリをコアラ舎に届けています。その他、静岡県、鹿児島県、沖縄県の圃場にも栽培を委託していて、5～12月は名古屋と静岡県で育ったユーカリ、12～4月の冬期は名古屋のビニールハウスと鹿児島県、沖縄県で育ったユーカリを調達しています。

DATA

愛知県名古屋市千種区東山元町3-70
052-782-2111
開園時間：9:00～16:50（入園は16:30まで）
休 月曜日（祝日の場合は直後の平日）、12/29～1/1
https://www.higashiyama.city.nagoya.jp

—

おすすめの来園時間

毎日13時頃にユーカリを新しいものと交換するので、その前後の時間は比較的コアラが起きていて、ユーカリをもぐもぐ食べるかわいい姿を見ることができます。日によりますが、15時～閉園前もユーカリを食べたり、動いたりすることが多いので、さまざまなコアラの様子を観察するならおすすめです。

コアラの一生やコアラのうんちなどが写真やイラストで展示されている

通路が広く、見やすい館内

仕切りの近くに展示されているコアラのプレートがある

止まり木は４年に１度リニューアルされる

飼育員さんよりひとこと

正面から見たコアラのかわいい姿もおすすめですが、止まり木に座っているときの後ろから見た丸い背中やちょこんと見える耳なども愛くるしいです。寝ているときのさまざまな寝相も見どころです。いろいろな角度から観察してみてください！

≫ 名古屋市東山動植物園

名古屋市東山動植物園で会えるコアラたち

イシン（7歳）♂
2017年5月14日

写真提供／名古屋市東山動植物園

鹿児島市平川動物公園生まれ。成熟したオスのコアラで、ペアリングのアプローチも上手。園内のオスコアラのエース的な存在。

だいふく（2歳）♂
2022年3月14日

名古屋市東山動植物園生まれ。体が大きく、活発に動き回る。コロンとした丸い体と顔がかわいく人気者。

ししお（2歳）♂
2022年4月4日

写真提供／名古屋市東山動植物園

名古屋市東山動植物園生まれ。少し繊細だけど、大胆不敵な行動をすることも。他のオスに少し遠慮がち。

スカイ（2歳）♂
2022年4月20日

オーストラリア タロンガ動物園生まれ。2024年10月15日に来園したニューフェイス。元気いっぱい。

もなか（1歳）♂
2023年10月20日

写真提供／名古屋市東山動植物園

名古屋市東山動植物園生まれ。だいふくの弟で顔立ちは似ている。元気いっぱいで活発に動き、ユーカリもよく食べる。

ティリー（15歳）♀
2009年12月15日

写真提供／名古屋市東山動植物園

オーストラリア タロンガ動物園生まれ。体が大きいのが特徴。今まで５頭を出産していて、子育ては慣れていて、上手。

※2024年12月25日に亡くなりました

りん（7歳）♀
2017年8月23日

名古屋市東山動植物園生まれ。お母さんはティリー。お母さんに似て体が大きい。どっしりしていて動じないけど、穏やかな性格。

ワトル（4歳）♀
2020年5月14日

名古屋市東山動植物園生まれ。他のコアラに場所を譲るなどする優しい性格。木の上にいることが多い。

ホリー（11歳）♀
2013年12月25日

オーストラリア タロンガ動物園生まれ。ししおのお母さん。好奇心旺盛。飼育員が扉を開けると一緒について行こうとする。

ななみ（6歳）♀
2018年7月7日

写真提供／名古屋市東山動植物園

名古屋市東山動植物園生まれ。お母さんはホリー。気が強くてお気に入りの寝床は譲らない。身軽でジャンプも上手。

おもち（2歳）♀
2022年3月21日

名古屋市東山動植物園生まれ。体も顔も丸いのがかわいい。活発に動き、元気いっぱい。他のコアラにもよく向かっていく。

元気いっぱいの6頭のコアラに会える

神戸市立王子動物園

コアラとの距離を近く感じることができる

まるで森に迷い込んだようなカントリー風のかわいい外観が特徴のコアラ舎。展示場は2つに分かれていて、現在は3頭ずつ飼育されています。全面ガラス張りになっていて、止まり木の位置が来園者に近いのでコアラとの距離を近く感じることができます。展示場内の止まり木の配置にはこだわっていて、コアラが座ってリラックスできるように、木の股が多く設置されているのも特徴。

☑ユーカリの調達について

岡山県に数ヵ所と鹿児島県などの圃場や農家さんに育てていただき、調達しています。夏は岡山県のものを中心に、冬は鹿児島県などから調達しています。

カントリー風の外観がかわいい

DATA

兵庫県神戸市灘区王子町3-1

078-861-5624（代表）

開園時間：3月〜10月　9：00〜17：00（入園は16：30まで）
11月〜2月　9：00〜16：30（入園は16：00まで）

休 水曜日（祝日の場合は開園）、12/29〜1/1

https://www.kobe-ojizoo.jp/

—

おすすめの来園時間

毎日13時頃にユーカリを替えるため、その時間帯はコアラの動きが活発になるので、おすすめです。

温かみのあるブラウンを基調とした展示場

神戸市立王子動物園で会えるコアラたち

飼育員さんよりひとこと

コアラは日本の動物園の中でも7つの園にしかいない希少な動物です。ぜひじっくり観察していただきたいです。いろいろな寝相が見られるので寝ている姿もかわいいですよ!

イツキ（4歳）♂
2020年4月3日

鹿児島市平川動物公園生まれ。2023年6月21日に来園。穏やかな性格でのんびり屋さん。どっしりして落ち着きがある。

いぶき（4歳）♂
2020年8月27日

名古屋市東山動植物園生まれ。2023年6月14日に来園。人懐っこくて元気。食欲旺盛でユーカリをもりもり食べる。

オウカ（8歳）♀
2016年9月25日

神戸市立王子動物園生まれ。天然でマイペースな性格であまり周りを気にしない。しっかりしているお母さんコアラ。

エマ（6歳）♀
2018年12月6日

神戸市立王子動物園生まれ。好奇心旺盛で人懐っこい。飼育員がユーカリを持っていくと奪いにくるほど活発。

ハナ（5歳）♀
2019年5月20日

神戸市立王子動物園生まれ。起きているときは女子力高めでかわいい姿を披露するが、寝ているときはおじさん度が高めで大胆な寝方をする。

シャイニー（3歳）♀
2021年5月13日

神戸市立王子動物園生まれ。愛嬌抜群でかわいらしい顔を見せつつ、最年少らしからぬ貫禄があって、強気な性格。

写真提供／神戸市立王子動物園

南方系コアラが見られるのは日本ではここだけ!

淡路ファームパーク イングランドの丘

日本で唯一、南方系コアラを観察できる

白い外壁と木々に囲まれた外観が特徴のコアラ館。日本で唯一、２頭の南方系のコアラが飼育されています。来園者の目線に木の上のコアラが見られるので、観察しやすい設計になっているのが特徴。コアラ館の中にはコアラの生態がわかる、歯や骨のレプリカが展示されています。史上最高齢の飼育されたコアラとしてギネス世界記録に認定された「みどり」の公式認定証を見ることができます。

ユーカリの調達について

園内を含めて淡路島に３ヵ所、鹿児島に１ヵ所あります。鹿児島の圃場は主に冬用のために育てています。園内にユーカリの圃場があるので、午後は飼育員自ら収穫に行ってコアラのエサを準備しています。

入場ゲートから真っ直ぐ奥に進むとコアラ館がある

DATA

兵庫県南あわじ市八木養宜上1401番地　0799-43-2626

開園時間：4月～9月　平日 9:30～17:00（入園は16:30まで）
土日祝 9:30～17:30（入園は17:00まで）
10月～3月　9:30～17:00（入園は16:30まで）

休 火曜日（GW・祝日は開園）、年末年始、冬季メンテナンス休園

https://www.england-hill.com/

おすすめの来園時間

11時30分頃にユーカリの交換があるので、その前後はコアラが動いている姿を観察できるかも。夕方にもユーカリを一部替えることもあるのでその時間帯もおすすめです。

来園者の通路は広く、見やすい

淡路ファームパーク　イングランドの丘で会えるコアラたち

だいち（11歳）♂
2013年8月18日

淡路ファームパーク　イングランドの丘生まれ。南方系コアラ。おっとりした性格。人にかまってもらうのが好き。地面に座り込んで待っていることも。

ピーター（8歳）♂
2016年3月28日

名古屋市東山動植物園生まれ。活発でつかみどころがない行動をする。体重測定のとき、つかまらないようにすり抜けるなど頭がよい一面も。

のぞみ（16歳）♀
2008年3月1日

オーストラリア　ヤンチャップナショナルパーク生まれ。南方系コアラ。日本国内最高齢。甘えん坊で飼育員に抱っこを求めて腕を伸ばすようなしぐさをする。

ウミ（10歳）♀
2014年6月13日

神戸市立王子動物園生まれ。普段はおとなしく落ち着いているが、夜は活発に動く。子育て上手なお母さん。

ナギ（1歳）♀
2023年7月31日

淡路ファームパーク　イングランドの丘生まれ。お父さんはピーター、お母さんはウミ。活発でおてんばな性格。お母さんの食べているものを欲しがるわがままでかわいいところも。

飼育員さんよりひとこと

日本で唯一、南方系コアラが飼育されているので貴重な体験ができます。体の大きさや毛の色など、ぜひ北方系のコアラとの違いを観察していただければと思います。

写真提供／淡路ファームパーク　イングランドの丘

日本初のウォークスルーで展示している

鹿児島市平川動物公園

2つのコアラ館で18頭のコアラを観察できる

園内は2つのコアラ館があり、1つは40年前にできたガラスビューエリアで、コアラが見やすいように設計されています。もう1つは2021年にオープンしたウォークスルーエリアで、日本初のガラスのない施設のため、間近でコアラを観察することができます。コアラの鳴き声が聞こえたり、ユーカリなどオーストラリア原産の植物を植えていたり、より自然に近い環境での飼育展示を目指しているのが特徴。屋外にはイベント広場があり、冬、夏を除いてはコアラが登場し、飼育員からの解説を聞けます。

コアラの来園に合わせて造られたコアラ館

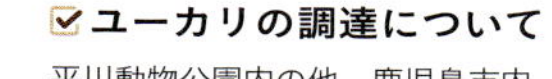

ユーカリの調達について

平川動物公園内の他、鹿児島市内、指宿市、種子島などにも圃場があり、ユーカリを育てています。18頭飼育しているので、1日約100kgのユーカリが必要です。

ガラスビューエリアでは8頭のコアラを見ることができる

DATA

鹿児島県鹿児島市平川町5669-1
099-261-2326
開園時間：9:00〜17:00（入園は16:30まで）
休 12/29〜1/1
https://hirakawazoo.jp/

—

おすすめの来園時間

毎日11時がコアラのお食事タイム。コアラにユーカリを食べてもらったり、飼育員さんが生態やオーストラリアの現状について解説したりするガイドが好評。
また開園してすぐや夕方の16時くらいはユーカリを交換するなどしているのでコアラが起きている可能性が高いです。ユーカリペーストを食べている様子も観察できるかも。

ユーカリをミキサーにかけてペースト状にしたユーカリペースト。体調不良時に始めたものでコアラも大好き

2021年にオープンしたウォークスルーエリア

ガラスがないので、コアラをじっくり観察できる

毎日11時のイベントで使用しているイベント会場。ガラスビューエリアとウォークスルーエリアの間にある

飼育員さんよりひとこと

寝ていることが多いと来園者の方からの声がよく寄せられますが、寝ているときこそ、耳の形や鋭い爪などをじっくり見ていただければと思います。また、彼らは絶滅が危惧される危急種で厳しい環境に置かれている動物であることに少しでも思いを馳せていただけると嬉しいです!

写真提供/鹿児島市平川動物公園

鹿児島市平川動物公園で会えるコアラたち

アーチャー（5歳）♂
2019年4月26日

オーストラリア　ドリームワールド生まれ。耳の毛が薄く、抱っこしても動じない。落ち着いた優しい性格。

ノゾム（2歳）♂
2022年2月26日

鹿児島市平川動物公園生まれ。手足が長いのが特徴。優しい性格でトラブルがあると一歩引くタイプ。

アサヒ（2歳）♂
2022年12月9日

鹿児島市平川動物公園生まれ。茶色の目がかわいい。目力がある。活発でユーカリをよく食べる。

ライト（3歳）♂
2021年5月14日

鹿児島市平川動物公園生まれ。体重は約8.6kgと体が大きい。イベントでも大活躍してくれる頼もしい子。

タイヨウ（2歳）♂
2022年8月11日

鹿児島市平川動物公園生まれ。お母さんはインディコ。活発で元気がいい。動きまわるのが好き。

アラタ（1歳）♂
2023年6月14日

鹿児島市平川動物公園生まれ。お母さんのヒナタに顔が似ている。木につかまってだら〜んと寝ていることが多い。

チャーボウ（1歳）♂
2023年10月21日

鹿児島市平川動物公園生まれ。お母さんはキボウ。甘えん坊の男の子。まだお母さんに甘えたい年頃。

スター（1歳）♂
2023年11月18日

鹿児島市平川動物公園生まれ。お母さんはインディコ。好奇心旺盛で活発に動く。飼育員の動きにも興味津々。

ヒマワリ（5歳）♀
2019年6月22日

鹿児島市平川動物公園生まれ。フサフサの耳が特徴。おっとりした性格でアイドル的キャラ。

Baby 誕生!

ユメ（10歳）♀
2015年1月2日

鹿児島市平川動物公園生まれ。子どもをたくさん産んでいて子育て上手。食いしん坊な一面も。

リオ（9歳）♀
2015年12月10日

鹿児島市平川動物公園生まれ。仏様のような優しい顔が特徴。体格が大きい。ユーカリペーストが好き。

キボウ（5歳）♀
2019年10月17日

鹿児島市平川動物公園生まれ。毛が全体的に黒っぽいのが特徴。子育て上手なママ。

ヒマワリの赤ちゃんが2024年6月1日に誕生しました。2024年12月14日に出袋を確認しました。
お父さんはアーチャーです。メスの赤ちゃんで元気いっぱい！

写真提供／鹿児島市平川動物公園

›› 鹿児島市平川動物公園

インディコ（5歳）♀
2019年12月22日

名古屋市東山動植物園生まれ。おてんばな一面もあったが、最近は落ち着いてきている。ファンが多いコアラ。

つくし（4歳）♀
2020年9月3日

名古屋市東山動植物園生まれ。クリクリな目と体が丸いのが特徴。穏やかな性格。

ヒナタ（3歳）♀
2021年3月27日

鹿児島市平川動物公園生まれ。お母さんのヒマワリに似て、優しい性格。ユーカリペーストが好き。

カナエ（3歳）♀
2021年6月13日

鹿児島市平川動物公園生まれ。ミステリアスな子。不思議キャラ。

ピース（3歳）♀
2021年6月29日

鹿児島市平川動物公園生まれ。小柄で愛されキャラ。少し気分屋のところも。ユーカリペーストが好き。

ツムギ（1歳）♀
2023年5月13日

鹿児島市平川動物公園生まれ。お母さんはユメ。ユメに似て穏やかな性格でゆったりした動きをする。

写真提供／鹿児島市平川動物公園

7つの園で協力
命をつなぐ　ブリーディングローン

絶滅の危機が高まりつつあるコアラですが、繁殖はコアラの保護のため不可欠です。

そのため動物園では計画的にコアラの繁殖を行っていますが、各園、コアラの頭数は限られていて、血統を配慮しなければならないため、ブリーディングローンを行っています。

ブリーディングローンとは、繁殖を目的として動物園同士で動物を貸し借りすることです。貸し借りのため、移動した動物の所有権は貸し出した動物園のままになります。これはコアラに限らず、希少な動物や他の動物でも行われる制度です。

コアラは日本では7つの園にしかいないため、毎年「コアラ会議」が開催され、ペアリングが検討され計画的に繁殖を目指しています。またその会議では、コアラの生育や飼育方法についての研究発表や報告がなされ、7つの園で協力してコアラの命を守り、どのようにつないでいくか、話し合われています。

コアラが移動するときは専用の輸送箱を使用し、移動する園に運ばれ、早く新しい環境に慣れてもらうため、体調の変化や好きなユーカリの種類の情報などは事前に共有されています。

淡路ファームパーク　イングランドの丘には輸送箱の見本が展示されている。実際はこれより一回り小さい。

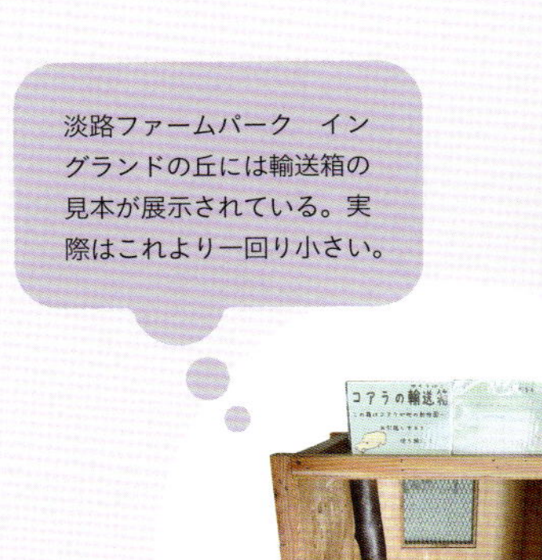

横浜市立金沢動物園にいる「コロン」は鹿児島市平川動物公園生まれ。その後埼玉県こども動物自然公園→東京都立多摩動物公園→横浜市立金沢動物園と移動している。

写真提供／横浜市立金沢動物園

COLUMN 1

早川先生リポート
カンガルー島のコアラ

オーストラリアのコアラ生息地で
フィールド調査を行っている早川卓志先生。
コアラが多数生息するオーストラリアで3番目に大きい島、
カンガルー島の様子をリポートいただきました。

2017年3月。南オーストラリア州のカンガルー島のユーカリの森を歩いていました。自然の中で育ったユーカリの木の背は高く、20メートルにはなるでしょう。そんな高い木の上に茂る枝葉の中に、いました。コアラです。茶色の樹皮の中に溶け込んで、丸まって寝ている茶色い毛の塊。これが野生のコアラです。

名古屋を地元として、東山動植物園のコアラを見慣れていた私は、高い木の上にいるコアラの姿に衝撃を受けました。動物園だと目線の高さでコアラを観察することができますが、野生のコアラを見たいなら、見上げないとわからないのです。しかも、コアラは1

コアラは高いところが大好き。ユーカリの木の上にいるコアラ(写真左)、その拡大(写真右)。

地面が灰に覆われた森林火災後のユーカリ林（2020年３月撮影）。

日のほとんどを丸まって休んでいるので、手足を広げて快活な姿を想像していたら決して野外で見つけることはできません。外敵から身を守ることができ、ユーカリの葉というたくさんの食べ物を提供する高い木の上は、コアラにとってなんと安心安全な住みかなのでしょう。私にとって、野外でコアラを見る最初の経験となりました。

カンガルー島のコアラは南方系のコアラなので、茶色っぽく、体格がひとまわり大きい。東山動植物園のコアラは北方系のコアラなので、見た目の印象も違いました。カンガルー島はオーストラリアでも有数のコアラの生息地で、５万頭のコアラが暮らしていました。

それから２年半が経ち、2019年の終わり。事件が起きました。森林火災です。オーストラリアの気候は乾燥しており、自然発火しやすい環境です。香り高さが特徴のユーカリは、その香り成分が燃料となり、よく燃えます。オーストラリア全土で異常な高温となったその夏は、カンガルー島のユーカリの森をことごとく燃やしました。火災は年をまたぎ、2020年の初めまで続きました。ユーカリの森を住みかとしていた動物たちも焼け死に、逃げ延びたとしても住みかと食べ物を失ってしまいました。コアラも例外ではありません。４万頭のコアラが被災したと推定されています。

写真提供／早川卓志先生

森林火災を生き延びたコアラ。右奥のユーカリの剥れた樹皮からは新芽が出ている（2020年３月撮影）。

焼け焦げたユーカリで眠る生き延びたコアラ。

焼け焦げたユーカリにつかまる生き延びたコアラ。

2020年３月。鎮火したカンガルー島を訪ねました。ショッキングな光景が広がっていました。あの美しいユーカリの森はそこになく、灰に覆われた地面と、真っ黒に焦げてすすけた木々が立ち並び、はかなくも澄み切った青空が広がっていました。じゃりじゃりと音を立てながら無地の森を歩いていると、焼死あるいは餓死した動物の遺体がところどころに見つかりました。コアラの遺体もありました。

悲痛な気持ちになりましたが、希望はありました。ユーカリの森の再生は早いのです。焼け焦げ、剥がれ落ちた樹皮の隙間から、新しいユーカリの芽吹きがありました。胴吹きと言います。胴吹きは動物たちに新しい食物を与えます。胴吹きのあるユーカリの木を見上げると、いました。コアラです。生き延びたコアラが、たくましくも森林火災を乗り越えていました。

左／再生するユーカリの森の様子（2022年７月撮影）。ユーカリの再生は進み、木の上にコアラがいる。　右／2023年８月にもカンガルー島を訪問。

それから２年半後。コロナ禍による海外渡航の制限も緩和され、再びカンガルー島を訪ねました。灰だらけだった地面は、緑を取り戻していました。灰のアルカリが栄養になったのでしょう。草や苔に覆われていました。枝先から生える葉も茂り、それを食べるコアラの姿がありました。焼け焦げて枯れてしまったユーカリの木も多数ありますが、安心して、食べて、休んで、寝るコアラの姿が多くのユーカリの樹の上に見られました。

2019-2020年の未曾有の森林火災は、地球温暖化による高温化が原因だと言われます。ユーカリはもともと燃えやすく、自然発火による小さな火災は頻繁におきています。ところが、その夏の火災は燃えすぎました。カンガルー島以外でも、ユーカリの森でコアラは被災しました。食べ物と住みかをユーカリの森に完全に依存しているコアラは、ユーカリの森から離れることができません。私たち人間の活動が、森を燃やし、巡り巡ってコアラの暮らしを脅かしているかもしれないということを、真剣に考えていかないといけません。ユーカリの森を守ることが、コアラを守ることにつながるのです。

森林火災から２年半後、再生したユーカリの森の中にいるコアラ（2022年７月撮影）。

写真提供／早川卓志先生

COLUMN 2

絶滅の危機にあるコアラ

知っておきたい
コアラを取り巻く厳しい環境

2016年に国際自然保護連合（IUCN）の絶滅の恐れのあるレッドリストの中で、
コアラは絶滅が危惧される危急種（VU）に選定されました。
さらに2019年末から2020年初めに、
オーストラリアで大規模な森林火災が起こり、
多くのコアラが火災によって命を落とすことになり、
絶滅の恐れが一層高まりました。６万頭のコアラが被災したと言われています。
オーストラリア政府も2022年２月、
国版の「レッドリスト」で、「絶滅危惧種（EN）」に選定し、
絶滅の危機が深刻になっている認識を明らかにしています。
コアラを取り巻く厳しい環境は、
森林火災だけでなく、さまざまな点が挙げられます。
今どんなことが起こっているのかチェックしましょう。

森林火災後のユーカリの森

コアラが絶滅の危機になった原因

❶ 森林火災・森林伐採

地球温暖化によって、引き起こされる森林火災。オーストラリアでもコアラが生息するユーカリの森林で大規模な火災が起こり、コアラが焼死、ユーカリがなくて餓死するということが起こっています。また、林業と都市化が進み森林伐採が行われることになり、コアラが住む場所はどんどん追われている状況です。

森林火災で生き延びたコアラ

❷ クラミジア

クラミジアは交尾によって感染します。クラミジアによって失明したり生殖器や泌尿器に痛みを伴ったりして命を落とす場合も。メスの場合は結果的に不妊になります。ストレスによっても発症しやすいと言われています。

❸ コアラレトロウイルス

コアラの遺伝子に組み込まれているので、子どもに引き継がれます。免疫不全になり、白血病やリンパ種を引き起こす原因にもなります。そんなことからコアラレトロウイルスはサイレントキラーと呼ばれています。

❹ 交通事故

森林伐採によってユーカリの森林と住宅地が近くなることで、コアラが交通事故にあって命を落とすことがあります。

❺ 野犬や猫などによる襲撃

コアラの天敵だった大型の肉食獣は絶滅してしまいましたが、代わりに人間が持ち込んだ野犬や猫に襲われてしまうことがあります。

私たちにできること

動物園では、絶滅の恐れのあるコアラを保全し、繁殖をして頭数が増えるように努力しています。私たちがコアラに興味を持ち、コアラの生態やオーストラリアの環境に思いを馳せ、動物園に観察に行くことは、巡り巡ってコアラの保全に結びつきます。

カンガルー島のコアラ

写真提供／早川卓志先生

COLUMN 3

コアラの人気キャラクター「コアラのマーチくん」

「コアラのキャラクター」と言われたとき、
まず「コアラのマーチ」を思い浮かべる方は
多いのではないでしょうか。
あのかわいいコアラのキャラクターは
どうやって生まれたのか、
みんなが知っている有名お菓子の秘密を紹介します。
株式会社ロッテ　マーケティング本部
金田真里恵さんに
「コアラのマーチ」について
教えていただきました。

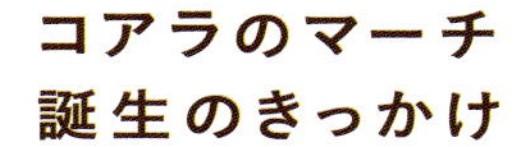

1982～83年頃、オーストラリアからコアラが日本にやってくるという情報を得た当時のロッテの商品開発担当者。
当時、ロッテでは空洞のある中空ビスケットを焼く技術が開発されていた時期でした。
1972年に中国からパンダが初来日をしたとき、日本ではパンダの大ブームが起こりました。今度はコアラブームがくるに違いない。そんな確信から、このビスケットにコアラの絵柄をつけると楽しいのではとのアイデアが生まれ、1984年10月にコアラが来日する半年少し前の3月に「コアラのマーチ」が誕生しました。

コアラのマーチの名前の由来

「オーストラリアからコアラがマーチングバンドを組んで日本にやってくる」というイメージで「コアラのマーチ」という商品名が付けられました。
コアラは1日の8割近くの時間、木の上で寝ています。またコアラの体毛はお菓子によくあるポップな色味とは違う落ち着いたグレー。そのためコアラにより楽しいイメージをつけようということでマーチングバンドを掛け算したのです。

コアラのマーチのお菓子の形

ビスケットを膨らませる技術が難しかったと聞いています。絵柄はカラメル色素のインクで印刷し、焼き上げていますが、カラメルのインクは水分が含まれるので、焼き加減に苦労したそうです。このビスケットの形も発売以来変わっていません。

コアラの
マーチくん

コアラの
ワルツちゃん

コアラの
ドレミくん

コアラの
ミレドちゃん

コアラのマーチくん

コアラのずんぐりむっくりしたフォルムをイメージして、このお菓子のためにデザインされたキャラクターです。コアラは穏やかで動作もゆっくりゆったりしているため、癒しを与えてくれるようなのほほんとした絵柄を意識して生まれました。でも実際にコアラを動物園で見ると、ジャンプしたりけっこう動いていますね。コアラのマーチくん以外のキャラクターはコアラのワルツちゃん、コアラのドレミくん、コアラのミレドちゃんです。

パッケージ

発売当初から40年たった今も一度も変わらない六角形のパッケージ。
これはコアラの主食がユーカリの葉であることから、ユーカリの木のゴツゴツした感じをイメージして決まりました。またお店の棚でパッケージが少し出ていると横から見ても商品がよく見えて目立つという意図もあります。

「コアラのマーチ」は
1984年３月に誕生しました！

コアラのマーチの柄

これまでに登場したコアラのマーチの絵柄はなんと365種類(2025年１月現在)。柄は毎年10〜15種類程度を入れ替えます。年に１回新しいコアラのマーチの柄を決め、その年ごとの話題や流行ったものを取り入れています。例えばこれまでに「ポケベルコアラ」や「出前コアラ」「節電コアラ」など時代を反映した絵柄がありました。
発売当初の絵柄は全部で12種類。親子コアラをはじめ、約半分はマーチングバンドのイメージで楽器を演奏している絵柄です。

1984年発売時の初代12柄

コアラのマーチのコアラたちの色

コアラの体毛は灰色〜茶色ですが、コアラのマーチのパッケージのイラストのコアラはビスケットの色の黄色(黄土色)です。またコアラのマーチくんもお菓子の色とは少し異なりますが黄土色の体色です。コアラのマーチは世界のさまざまな国で販売されていて、タイなどで本物のコアラを見たことがない子どもが、動物のコアラの一般的な体毛の色は黄色っぽい色だと誤解しかけたこともあるとか。

パッケージに描かれているコアラ

発売当時のパッケージにも描かれている、コアラのマーチくんのキャラクターではない、コアラの親子イラスト。このパッケージのコアライラストには名前がついていません。ロッテ社内では「けむくコアラ」と呼ばれています。これまでのコアラのマーチの柄365種類の中には、このパッケージのコアラに似たイラストがプリントされた「ほんものみたいなコアラ」柄のコアラのマーチもあります。

ほんものみたいなコアラ

コアラのマーチの柄エピソード「まゆげコアラ」

発売当時の12柄の１つ、「ラッパを一生懸命吹いているコアラ」。これは実はラッパを吹くときの顔のシワを描いたつもりだったのが、消費者がまゆげのあるコアラだと誤解。ほかの柄には目の上にシワがなかったことから、珍しいコアラとして「まゆげがあるコアラが出てくると幸せになる」という口コミが女子高生を中心に広まり「ラッキーコアラブーム」がおきました。

まゆげ
コアラ

「コアラのマーチ」ファミリー

2024年、コアラのマーチくんの家族が発表されました。
実はパパとママと６匹のきょうだいが！

コアラを守る取り組み

オーストラリアでは都市開発や大規模な森林火災によってコアラの住む場所が減っています。20世紀になって、オーストラリアのコアラの数は300万頭から10万頭以下にまで減少しました。こうした状況に対して、コアラの保護と管理を目的とした国際機関「オーストラリア・コアラ基金」(The Australian Koala Foundation 略称AKF)が設置され、ロッテはゴールドスポンサーとしてこの活動に参加しています。コアラの生息の現状調査やユーカリの植樹などを通して、野生のコアラを守る活動を行っています。

「コアラのマーチ」担当メッセージ

「コアラのマーチ」には、現在365種類の絵柄があります。さまざまなコアラの絵柄をきっかけに、食べながらみんなの会話が生まれるお菓子になっていけたらいいなと思っています。
動物のコアラもコアラのマーチの絵柄も、見ているとほのぼのした気持ちになれます。年齢も性別も関係なく幅広い方々にそのような気持ちやコミュニケーションをずっとお届けできる商品でありたいです。

コアラと勉強をしよう

コアラで学ぶ英語

勉強において、なかなか覚えられない暗記項目や理解しにくい内容を
イラストやキャラクターでわかりやすく説明や表現をする
学習参考書や語学書が増えています。
そのような中、コアラのイラストで学べる語学書がありました！
英語を楽しく学べるイラストや漫画を
オーストラリアから発信しているこあたんさんによる「こあら式英語」。
英語が苦手でもついつい眺めてしまう図解やイラストが特徴です。
コアラと一緒に英語力アップを目指してみてください。

コアラのかわいい姿を
キャラクター化して勉強!!

こあたん🇦🇺こあらの学校

オーストラリア在住。SNSで英語学習について発信。特にXは一目で内容が分かるかわいいイラストとシュールな面白さが支持され、フォロワー数は2025年1月現在77万人超。
著書に『読まずにわかる　こあら式英語のニュアンス図鑑』『カンタンなのになぜか伝わるこあら式英語のフレーズ図鑑』（ともにKADOKAWA）、『これを英語で言えるかな？こあら式意外と知らない英単語図鑑』（マガジンハウス）
X：@KoalaEnglish180
Instagram：koalaenglish180

『読まずにわかる　こあら式英語のニュアンス図鑑』より

クイズ

コアラは どこに いるでしょう？

オーストラリア・カンガルー島の
コアラの写真です。

ユーカリの木の上に
コアラがいます。
どこにいるでしょう？

**答えは次のページを
みてね**

写真提供／早川卓志先生

写真提供／早川卓志先生

参考文献・資料

適正施設ガイドライン【コアラPhascolarctos cinereus】／
公益社団法人日本動物園水族館協会、2020 年9月

公益財団法人世界自然保護基金ジャパン　https://www.wwf.or.jp/

A Field Guide to Australian Mammals, Cath Jones, Steve Parish ; Steve Parish Publishing, 2006

図説　哺乳動物図鑑百科事典(3)／ステーヴ・パーカー 著、
遠藤秀紀 監訳、名取洋司 訳、朝倉書店、2007年

Newton別冊　哺乳類ビジュアル大事典／ニュートンプレス、2024年

ナショジオキッズ わくわく地球探検隊！
コアラの世界／ジル・エスバウム 著、新宅広二 監修・翻訳、2022年

すごいコアラ！　飼育頭数日本一の平川動物公園が教えてくれる不思議とカワイイのひみつ／
平川動物公園 著、新潮社　2024年

撮影協力一覧

下記のページの写真は全て動物園の許可を得て、撮影しています。

P2　東京都立多摩動物公園

巻頭グラビア

P4　名古屋市東山動植物園
P5　上：東京都立多摩動物公園
　　下：名古屋市東山動植物園
P6　上：名古屋市東山動植物園
　　下：東京都立多摩動物公園
P7　下：淡路ファームパーク イングランドの丘
P8　下：東京都立多摩動物公園
P9　上：東京都立多摩動物公園
　　下：神戸市立王子動物園
P10　上：東京都立多摩動物公園
　　下：淡路ファームパーク イングランドの丘
P11　上：名古屋市東山動植物園
　　下：東京都立多摩動物公園
P12　下左：神戸市立王子動物園
P13　東京都立多摩動物公園
P14　上：神戸市立王子動物園
　　下：名古屋市東山動植物園
P15　上：淡路ファームパーク イングランドの丘
　　下：神戸市立王子動物園
P19　上：東京都立多摩動物公園
　　下左：名古屋市東山動植物園

PART 1

P24　東京都立多摩動物公園
P26　名古屋市東山動植物園
P27　上：淡路ファームパーク イングランドの丘
　　下：東京都立多摩動物公園
P30　東京都立多摩動物公園
P31　中：名古屋市東山動植物園
　　下：神戸市立王子動物園
P32　名古屋市東山動植物園
P33　東京都立多摩動物公園
P34　上：名古屋市東山動植物園
　　左：神戸市立王子動物園
　　右：淡路ファームパーク イングランドの丘
P35　東京都立多摩動物公園
P36　名古屋市東山動植物園
P37　左：東京都立多摩動物公園
　　右：淡路ファームパーク イングランドの丘
P38　右：名古屋市東山動植物園
　　左：淡路ファームパーク イングランドの丘
P40〜44　名古屋市東山動植物園

いろいろコアラ❶

P46　上右：東京都立多摩動物公園
P47　上左：淡路ファームパーク イングランドの丘
　　上右：名古屋市東山動植物園
　　下左：神戸市立王子動物園
　　下右：名古屋市東山動植物園

PART 2

P48　名古屋市東山動植物園
P50〜51　淡路ファームパーク イングランドの丘
P53〜54（1部）　淡路ファームパーク イングランドの丘
P55　上右：淡路ファームパーク イングランドの丘
P59　左：淡路ファームパーク イングランドの丘
P60　神戸市立王子動物園
P62〜69　名古屋市東山動植物園

いろいろコアラ❷

P70〜71　名古屋市東山動植物園

PART 3

P72　名古屋市東山動植物園
P83　下：名古屋市東山動植物園

いろいろコアラ❸

P86　上左：名古屋市東山動植物園
　　上右：淡路ファームパーク イングランドの丘
　　下：名古屋市東山動植物園
P87　上：神戸市立王子動物園
　　中左：淡路ファームパーク イングランドの丘
　　中右：名古屋市東山動植物園
　　下左：名古屋市東山動植物園
　　下右：淡路ファームパーク イングランドの丘

PART 4

P88　淡路ファームパーク イングランドの丘
P90〜91　東京都立多摩動物公園
P96〜99　名古屋市東山動植物園
P100　神戸市立王子動物園
P102　淡路ファームパーク イングランドの丘
P109　左：淡路ファームパーク イングランドの丘

カバー（表1・表4）　東京都立多摩動物公園
カバー（袖）　淡路ファームパーク イングランドの丘

早川 卓志（はやかわ たかし）

北海道大学大学院地球環境科学研究院　環境生物科学部門　生態遺伝学分野　助教。
2015年３月、京都大学大学院　理学研究科生物科学専攻　博士後期課程修了、博士（理学）。
京都大学霊長類研究所　特定助教、公益財団法人日本モンキーセンター　キュレーターを経て、現職。
専門は哺乳類学、ゲノム科学、進化生物学。野生動物の行動・生態・進化のメカニズムについて、フィールドワークとゲノム科学の手法を組み合わせて研究している。
チンパンジーやニホンザルなどの霊長類をはじめ、多種多様な哺乳類を対象とし、コアラに関してもオーストラリア博物館が指揮する「コアラゲノム・コンソーシアム」に参加して、2018年にコアラの味覚の進化について解明するなど、長年研究に携わっている。2024年にはコアラのユーカリの好みと腸内細菌に関するプロジェクト研究の成果を発表した。オーストラリアのコアラの生息地でのフィールド調査や、日本国内の動物園との共同研究などをおこない、コアラ研究の最先端を行く気鋭の若手研究者。

コアラがかわいい
生態から癒やされる写真まで魅力のすべて

2025年２月３日　初版発行
2025年３月20日　再版発行

監修／早川　卓志
発行者／山下　直久
発行／株式会社KADOKAWA
〒102-8177　東京都千代田区富士見２-13-３
電話0570-002-301（ナビダイヤル）
印刷所／TOPPANクロレ株式会社
製本所／TOPPANクロレ株式会社

ISBN 978-4-04-607286-3　C0045